Bibliografische Information der Deutschen Nationalbibliothek:

Die Deutsche Bibliothek verzeichnet diese Publikation in der Deutschen National-
bibliografie; detaillierte bibliografische Daten sind im Internet über http://dnb.d-
nb.de/ abrufbar.

Impressum:

Copyright © 2015 GRIN Verlag, Open Publishing GmbH
Druck und Bindung: Books on Demand GmbH, Norderstedt Germany
ISBN: 9783668394520

Dieses Buch bei GRIN:

http://www.grin.com/de/e-book/353330/gesundheitliche-aspekte-der-veganen-
ernaehrung-beurteilung-unter-ernaehrungsphysiologischen

Adrian Krüger

Gesundheitliche Aspekte der veganen Ernährung. Beurteilung unter ernährungsphysiologischen Aspekten

GRIN Verlag

HOCHSCHULE OSTWESTFALEN – LIPPE

UNIVERSITÄT PADERBORN

FACHBEREICH LIFE SCIENCE TECHNOLOGIES

Bachelorarbeit

im Studiengang

Lehramt an Berufskollegs mit den beruflichen Fachrichtungen Ernährungs- und
Hauswirtschaftswissenschaften und Lebensmitteltechnik

Besondere Bestimmungen
der Prüfungsordnung
für den Bachelorstudiengang
Lehramt an Berufskollegs
mit der beruflichen Fachrichtung
Ernährungs- und Hauswirtschaftswissenschaft
an der Universität Paderborn
und der Hochschule Ostwestfalen-Lippe
vom 22. April 2013

Beurteilung der veganen Ernährung im Bezug auf gesundheitliche Aspekte

am 18.06.2015
vorgelegt von

Adrian Krüger

Danksagung

Ich möchte diese Stelle nutzen, um meinen Dank an Frau Dr. Kristina Langnäse auszusprechen, die mir die Bearbeitung dieses interessanten und aktuellen Themas ermöglicht hat und mich freundlich und konstruktiv während meiner Bearbeitungszeit unterstützt hat. Ein weiterer außerordentlicher Dank gilt Frau Dr. Claudia Jonas, nicht zuletzt, da sie bei dieser Arbeit die Co-Betreuung übernommen hat, sondern auch, da sie maßgeblich dazu beigetragen hat, den Studiengang des Lehramtes an der Hochschule Ostwestfalen-Lippe ins Leben zu rufen.

Ein weiterer besonderer Dank gilt den restlichen Dozierenden und Mitarbeitern der Hochschule, die meine Kommilitonen und mich teils sehr geduldig durch teils sehr anstrengende Praktika und andere schwierige Phasen des Studiums begleitet haben.
Ich danke auch allen Dozierenden und Mitarbeitern, die die Partnerschaften mit ausländischen Hochschulen pflegen und bspw. die Möglichkeit der Exkursionen anbieten. Mein persönlicher Horizont, und auch sicher der der Anderen, wurde dadurch stark geprägt und erweitert.

Ich möchte mich auch ganz besonders bei meiner Mutter, meinem Vater, meinen Geschwistern und der restlichen Familie bedanken, ohne deren ideelle, moralische und mentale Unterstützung sowie den Rückhalt, den sie mir geben, das Studium so nicht möglich gewesen wäre.

Ich bedanke mich auch bei all meinen Kommilitonen, mit denen ich eine unvergessliche Zeit erleben durfte und darf.

Meinen besten Dank!

Adrian Krüger

Inhalt

Abbildungen

Tabellen

1. Einleitung

Vegetarische und vegane Ernährung liegt derzeit im Trend wie nie zuvor. Spitzenköche kochen vegetarisch und vegan und Verlage bringen entsprechende Kochbücher heraus. Das Sortiment der veganen Produkte in Supermärkten wird stetig vielfältiger und nahezu jede Mensa und Kantine bieten täglich passende Gerichte.

Nicht zuletzt haben Lebensmittelskandale der letzten Jahre, wie Gammelfleisch, Pferdefleisch in Lasagnen oder resistente Keime auf Hähnchenschenkeln zu diesem Trend beigetragen.

Der Konsument ist immer besser informiert über Missstände in z.B. der Massentierhaltung und die Lebensmittelindustrie muss reagieren. Traditions-Wurst-Unternehmen wie "Rügenwalder" haben mittlerweile vegetarische Mortadella und ähnliche Produkte auf den Markt gebracht. Diese Produkte verkaufen sich teils besser als das tierische Pendant.
Große Einzelhandelsketten wie EDEKA experimentieren in dutzenden Märkten mit einer "vegetarischen Fleischtheke" (unterstützt von Veganz), an der der Kunde vegetarische Sojaschnitzel und ähnliches bekommt. 2011 gründete Jan Bredack, ehemaliger Manager bei Daimler-Benz, die vegane Supermarktkette Veganz, welche von Berlin bis Wien in einigen europäischen Großstädten zu finden ist.

Laut des Vegetarierbunds Deutschland (VEBU) sind ca. 10 % der Deutschen Vegetarier und knapp 1 % Veganer. Studien zeigen, dass der Hang zum Vegetarismus mit dem Bildungsgrad steigt und insbesondere Frauen fällt das Verzichten auf Fleisch leichter. (VEBU 2015)

"Der Verbraucher kauft immer bewusster", sagt der Geschäftsführer der deutschen Ernährungsindustrie (BVE) Christoph Minhoff, 25 % der Bevölkerung achtet immer mehr auf Herkunft und nachhaltige Produktion der Lebensmittel. (Ehrenstein 2014)

In der folgenden Arbeit soll unter ernährungsphysiologischen Aspekten beleuchtet werden, inwieweit der Veganismus den Nährstoffbedarf decken kann, eventuell sogar eine Supplementierung einzelner Nährstoffe notwendig ist und welche gesundheitlichen Vor- oder Nachteile eine vegane Ernährung bringen kann. Es wird erst allgemein geklärt, wie eine Kostform wissenschaftlich bewertet wird, ein präventives Potential dieser Kostform aufgezeigt und dann welche Nährstoffe und Punkte kritisch sind.

2. Definition des Veganismus

Das Wort vegan geht auf den Engländer Donald Watson zurück, der 1944 die *Vegan Society* gründete, eine Abspaltung der englischen *Vegetarian Society* (Vegetarier-Gesellschaft).

Watson leitete – im Gegensatz zu anderen Mitgliedern der *Vegetarian Society* – den Begriff des Vegetariers (engl.: vegetarian) nicht vom lateinischen vegetus („lebendig, frisch, kraftvoll"), sondern vom englischen vegetable („Gemüse, pflanzlich") ab. Der Verzehr von Milchprodukten und Eiern, wie von vielen Vegetariern praktiziert, entsprach nicht seinem Verständnis von Vegetarismus. Um jene Vegetarier zu bezeichnen, die auch Milchprodukte mieden, benutzte Watson zunächst den Terminus total vegetarian (in etwa: konsequenter, strenger Vegetarier). Als Abkürzung dafür prägte er dann aus dem Anfang und Ende von vegetarian die Wortneuschöpfung vegan, weil „Veganismus mit Vegetarismus beginnt und ihn zu seinem logischen Ende führt" (Stepaniak und Messina 2000).

Im Duden ist der Veganismus folgendermaßen definiert:
„[ethisch motivierter] völliger Verzicht auf tierische Produkte bei der Ernährung u. a." (Veganismus 2015)

Aus der oben genannten Definition des Dudens lässt sich folgern, dass neben Lebensmitteln tierischer Herkunft auch andere tierische Produkte wie Leder gemieden werden. Auch verzichten Veganer, je nach eigener Überzeugung, auf Tiere in der Unterhaltungsindustrie wie z.B. Zirkusse oder Ähnliches.

Im Folgenden soll ein Überblick über verschiedene Arten des Veganismus gegeben werden.

2.1 Bio-Veganismus

Bioveganer verwenden ausschließlich Lebensmittel aus ökologischem Landbau, da biologisch betriebener Landbau ohne Dünger tierischen Ursprungs, also Gülle, Knochenmehl oder Ähnliches auskommen soll. (Massholder 2015)

2.2 Fruganismus

Der Fruganismus beinhaltet nur das zerstörungsfreie Essen der Früchte der Pflanzen im Sinne des Fruganers. Das bedeutet, dass die Frucht der Pflanze geerntet werden muss, ohne dass die Stammpflanze beschädigt wird. Nur wenige Gemüsesorten lassen sich dazu zählen, da oft die ganze Pflanze geerntet

werden muss. Ausnahmen sind da z.B. Tomaten und Gurken, Sie sind im Sinne der Botanik Früchte. Der Speiseplan beim Fruganismus ist daher stark eingeschränkt und stößt in der Ernährungsmedizin auf starke Kritik.
(Massholder 2015)

2.3 Vegane Rohkost

Vegane Rohkost beinhaltet, dass ausschließlich vegane ungegarte Kost verzehrt wird. Lebensmittel, die höheren Temperaturen als 42 °C ausgesetzt waren, werden gemieden. Der Beweggrund dafür ist, dass Rohköstler der Ansicht sind, dass Nahrung nur wirklich gesund und bekömmlich ist, wenn die nahrungseigenen Enzyme erhalten bleiben. Diese bleiben bis 42 °C in der Regel intakt, da die Proteine, aus denen die Enzyme zum Großteil bestehen, erst über 42 °C denaturieren und damit inaktiviert werden. Vegane Rohkost erlaubt auch schonend und teils über lange Zeiträume gedörrte, bzw. getrocknete Waren.
(Massholder 2015)

3. Motive für den Veganismus

In Europa sinkt der Fleischkonsum, doch weltweit steigt er, insb. in aufstrebenden Ländern wie China oder Indien. Dies wurde anhand einer Studie dargelegt, die Statistiken der letzten 50 Jahre der *Food and Agricultural Organization* auswertete. Es wurde mit diesen Statistiken erstmals der Trophiegrad des Menschen berechnet. Der Trophiegrad bezeichnet die Position der Nahrungskette. Während ein Raubtier wie ein Tiger, der sich fast ausschließlich von Fleisch ernährt, einem Trophiegrad von 5,5 und somit der höchsten Stufe entspricht, haben Pflanzen den Wert 1. Der Mensch ist derzeit bei 2,21 und war 1970 auf 2,15. (Bonhommeau et al. 2013) Dies ist sicherlich damit in Verbindung zu bringen, dass die Menschen in den aufstrebenden Ländern ihren neuen Reichtum vermehrt in das Statussymbol Fleisch investieren. Aber auch die Bevölkerungsentwicklung in diesen Ländern ist zu beachten. Abbildung 1 macht dies deutlich. In der westlichen Welt hingegen ist Fleisch schon länger eine Selbstverständlichkeit und aus verschiedenen Motivationen heraus sinkt der Bedarf.

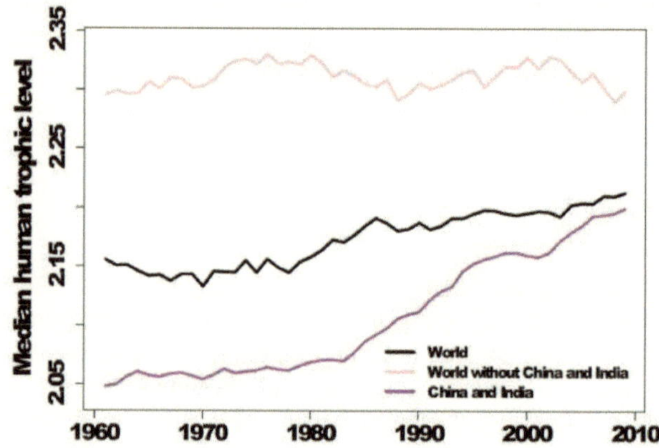

Abbildung 1 Anstieg des weltweiten Trophiegrades und Abstieg der Trophiegrade in der Welt ohne die aufstrebenden Länder wie Indien und China zwischen 2000 und 2010. (Bonhommeau et al. 2013)

Bei Vegetariern der westlichen Welt dominieren meist ethische Motive, gefolgt von gesundheitlichen Gründen. (Fox und Ward 2008) Eine Studie mit rund 380 deutschen Veganern besagt, dass die gesundheitlichen Motive überwiegen und von ethischen Gründen gefolgt werden. (Waldmann et al. 2003)

Eine etwas neuere Studie besagt, dass 92 % der befragten Veganer ethische Motive als Hauptgrund angeben. (Grube 2009)

In der vorliegenden Arbeit sollen gesundheitliche Aspekte des Veganismus an späterer Stelle ausführlicher beleuchtet werden. Welche Motive es noch abseits der Gesundheitlichen gibt, soll in den folgenden Abschnitten aufgezeigt werden.

3.1 Umweltschutz

Laut des Stockholm International Water Institutes wird es aufgrund des hohen Wasserverbrauchs der Lebensmittelindustrie und insbesondere der Nutztierhaltung unmöglich sein, zukünftige Generationen mit der momentan in Europa und Nordamerika praktizierten Kostform zu versorgen.
(BBC NEWS | Science/Nature | Hungry world 'must eat less meat' 2015)

Der deutsche wissenschaftliche Beirat für Agrarpolitik betont in einem aktuellen Gutachten, dass ein geringerer Konsum von tierischen Lebensmitteln ökologisch sinnvoll sei, um Treibhausgasemissionen und

Ressourcenverschwendung zu verringern und empfiehlt vegane Alternativen. (Regierungsgremium empfiehlt vegane Alternativen 2015)

Laut einer umfassenden Studie zu den Landressourcen der Erde ist bereits jetzt ein Großteil des für die Getreidezucht benutzten Bodens aufgrund des Verlustes an Mutterboden bereits am Rande der Unfruchtbarkeit. Es müsste ein Viertel allen kultivierbaren Landes brachgelegt werden, um weiteren Verlust zu verhindern. Die Produktion von Fleisch, Eiern und Milchprodukten braucht ein Vielfaches dessen an Ressourcen, was die Produktion rein pflanzlicher Nahrung benötigen würde. (Marcus 2000)

3.2 Verteilungsgerechtigkeit/Welternährungsproblematik

Circa 800 Millionen Menschen sind derzeit unterernährt auf der Erde. (Food and Agriculture Organization of the United Nations (FAO) 2015)

Auf der ganzen Welt ernähren sich geschätzte 2 Milliarden Menschen von einer fleischbasierten Kost, während sich geschätzte 4 Milliarden Menschen überwiegend pflanzlich ernähren. Die US-amerikanische Nahrungsmittelindustrie alleine benötigt 50 % des verfügbaren Landes der USA, 80 % des Trinkwassers und 17 % der fossilen Energien, die der Staat insgesamt verwendet.   (Pimentel und Pimentel 2003)
„Nicht zuletzt die starke Abhängigkeit von fossilen Brennstoffen der Nahrungsmittelindustrie deutet daraufhin, dass die Nahrungsmittelindustrie in den USA, sei sie fleisch- oder pflanzenbasiert, nicht nachhaltig ist."
(Pimentel und Pimentel 2003)

Für die Herstellung einer tierischen Kalorie werden bis zu 30 Kalorien pflanzlicher Natur benötigt. Somit werden Land, Wasser und andere Ressourcen für die Nutztierzucht verwandt, die eigentlich dem Anbau von Nahrungsmitteln für den Menschen dienen könnten. Bis zu 16 kg Getreide werden für die Produktion von 1 kg Fleisch benötigt. Ähnlich unwirtschaftliche Bilanzen gibt es bei Landnutzung und Wasserverbrauch. (Compassion in World Farming Trust (CIWF) 2004)

Der durch diese Fakten für den Veganismus motivierte Veganer möchte durch sein individuelles Konsumverhalten diese unnachhaltige Industrie so wenig wie möglich unterstützen und fördert bewusst und selektiv nachhaltigere Produktion bzw. nachhaltigeren Anbau.

3.3 Tierethik

Tierethiker gehen von einem Gleichheitsprinzip aus, nach dem auch "nichtmenschliche Tiere" keinem anderen Wesen, unabhängig von seiner Hautfarbe, Alter, Religion, Geschlecht, Rasse (also Tiere) einem anderen untergeordnet sind und somit der Mensch keinem anderen Wesen übergeordnet ist und das Recht hat, es zu töten, seine Freiheit einzuschränken oder ihm Schmerzen zuzufügen. (Singer 2002)

Die Leidensfähigkeit von Tieren, wird, unterstützt von wissenschaftlichen Erkenntnissen, seit 2007 erstmals als Faktum anerkannt. (Internationale Gesellschaft für Nutztierhaltung (IGN) 2007)

3.4 Potentielle gesundheitliche Nachteile einiger tierischer Produkte

Hormone

Eine Studie mit über 47.000 Jugendlichen in den USA zeigt eine deutliche positive Korrelation zwischen dem täglichen Konsum von Milch und Milchprodukten und dem Auftreten von Akne auf, wohl aufgrund von Hormonen und anderen bioaktiven Molekülen in der Milch, stellen die Forscher als Hypothese auf. (Adebamowo et al. 2005)

Phenol

Einige ältere Studien befassten sich mit der Auswirkung hohen Konsums tierischer Proteine, also oberhalb von 9 – 11 % der täglichen Kalorienzufuhr, auf den menschlichen Körper. So hat z.B. die Aufnahme hoher Mengen tierischen Proteins einen höheren Phenolwert im Urin zur Folge. (Bone et al. 1976) Dies ist damit zu begründen, dass tierische Proteine besonders reich an den Aminosäuren Phenylalanin und Tyrosin sind, welche im Darm unter anderem durch die E.Coli-Bakterien metabolisiert werden, wodurch Phenol entsteht. Dieser Umstand lässt sich jedoch mit einer erhöhten Zufuhr von Ballaststoffen eindämmen. Phenol im Körper erhöht das Krebsrisiko. (Cummings et al. 1979) Bei einem Aminosäurenüberschuss entsteht im Darm Phenol, welches im Körper erst zum äußerst toxischen Ammoniak und dann zu Harnstoff abgebaut wird. Dieser wird über die Nieren ausgeschieden. Die Proteinzufuhr sollte daher begrenzt werden. (van Staveren und Dagnelie 1988)

Die oben genannten Umstände können zu einer Verschlechterung der Nierenfunktion führen und im schlimmsten Fall sogar zu Nierensteinbildung bei einer proteinüberschüssigen Ernährung. (Chandra 1981)

Kalziumverlust

Weiterhin kann eine proteinreiche Kost zu einem Kalziumverlust des Körpers über den Urin führen. Dies trifft insbesondere auf tierische Proteine zu, weil diese reich an schwefelhaltigen Aminosäuren sind. Der Körper stellt Kalziumionen zur Verfügung, um das saure Milieu zu puffern. Dieses Kalzium kann nicht mehr rechtzeitig reabsorbiert werden und wird über den Urin ausgeschieden. Eine Kost mit mindestens 2 g Protein/kg Körpergewicht kann eine negative Kalziumbilanz zur Folge haben.(Kitano et al. 1988)
Im Schnitt liegt die Proteinzufuhr in Deutschland bei Männern bei 91 g/d und bei Frauen bei 67 g/d. (MAX-RUBNER-INSTITUT 2008)

Medikamentenrückstände und Keime

Darüber hinaus und den wahrscheinlich erheblich größeren Nachteil tierischer Lebensmittel stellt nicht unbedingt die natürliche biochemische Zusammensetzung des Lebensmittels als solches dar, sondern vielmehr Medikamentenrückstände und Keime, die sich im und auf dem Nahrungsmittel finden.
So wurde schon vor 25 Jahren in einer großangelegten Studie auf dem amerikanischen Kontinent nachgewiesen, dass in nahezu der Hälfte allen Rinder- und Hühnerfleischs Antibiotikareste wie Penicillin, Tetrazyklin und Streptomyzin vorhanden ist. Im selben Fleisch wurden auch resistente Keime wie Salmonellen E.Coli und einige andere gefunden. E.Coli gilt als Indikatorkeim für unzureichende Hygiene, da er im Darm von Mensch und Tier vorkommt. (Vázquez-Moreno et al. 1990)

Von 2004 bis 2005 wurden 1352 in Deutschland Masthähnchen-Herden untersucht, von denen 39 % mit dem pathogenen Campylobakter infiziert waren. Nahezu 95 % waren mit E.Coli (Indikatorkeim für fäkale Verunreinigung) infiziert und 39-75 % der Hühner im Markt sind es immer noch. Dies kann auch mit einer hohen Schlachtgeschwindigkeit korrelieren, da E.Coli ein Darmbakterium ist und bei schnellen automatisierten Schnitten der Verdauungsapparate der Hühner auch der Huhn-eigene Kot das Fleisch kontaminiert. (Erhebung des Vorkommens von Campylobacter spp. bei Masthähnchen in Deutschland (Campylobacter-Monitoring-Projekt 2005)

Tierische Nahrung ist eine relevante Quelle für Infektionen durch Salmonellen, belegt eine großangelegte Studie, welche auch aufzeigt, dass die Antibiotikaresistenz von Salmonellen stetig steigt. (Tenhagen et al. 2014)

Das deutsche Bundesamt für Verbraucherschutz und Lebensmittelsicherheit führt seit 2009 ein Zoonosenmonitoring durch. Zoonosen sind von dem Tier auf den Menschen übertragbare Krankheiten. Im Rahmen dieses Monitorings

werden Daten über Antibiotikaresistenzen und das Auftreten von Zoonosenerregern in Lebensmitteln und lebenden Tieren erfasst, überwacht und veröffentlicht. Der aktuellste Bericht besagt, dass in weit über 60 % des untersuchten frischen Hähnchenfleischs pathogene, also beim Menschen krankheitserregende E.Coli-Bakterien zu finden sind.
Über 40 % der mit Salmonellen kontaminierten Hähnchenfleisch-Proben sind mit einer resistenten Variante kontaminiert.
Diese Zahlen sind trotz stetiger Verbesserung der Schlachthygiene zu finden.
(BVL - Presse- und Hintergrundinformationen - Verbesserungen bei der Geflügelschlachthygiene erforderlich 2013)

Biozide, welche in Massentierhaltung z.B. als Flächendesinfektion und ähnliches eingesetzt werden, können bei den Tieren Antibiotikaresistenzen fördern. Dies ist damit zu begründen, dass Bakterien sich sehr schnell verschiedener und extremer Umwelteinflüsse anpassen können, um ihr Überleben zu sichern. So bilden sie beispielsweise Resistenzgene, welche die Information beinhalten, wie sich das Bakterium vor dem jeweiligen Biozid oder Antibiotikum schützt und geben diese als DNA-Abschnitt an die anderen Bakterien weiter. Dieser Prozess verläuft insbesondere in Biofilmen besonders schnell ab. (ASBL/VZW 2009)

Die Annahme, dass Obst und Gemüse ähnliche Gefahren aufgrund von Pestiziden bergen, kann mit Daten eines Berichts der europäischen Behörde für Lebensmittelsicherheit entkräftet werden. Diese Daten besagen, dass zwar über 97 % aller Lebensmittel in der EU Pestizide enthalten, allerdings innerhalb der Grenzwerte. Über 54 % sind sogar komplett frei davon. (EFSA et al. 2013)

3.5 Weitere Motive für den Veganismus

Weitere Motive für den Veganismus können folgende sein.

- Religiöse: Das Töten wird als Sünde betrachtet oder der Fleischverzehr generell gilt als religiöses Tabu und wird zum Teil mit Askese oder einer körperlich, seelisch, geistigen Reinheit begründet. Auch Barmherzigkeit gegenüber allen Wesen und Tieren kommt als Grund vor.
- Ästhetische: Abneigung und Ekel vor Fleisch oder Fleischteilen. Pflanzliche Kost bietet höheren Genuss.
- Hygienisch-toxikologisch: In der Küche ist eine bessere Hygiene möglich und Schadstoffaufnahme wird verringert.
- Kosmetische: Abnahme von Hautunreinheiten oder Gewichtsabnahme.

- Ökonomische: Vorwiegend in Schwellen- oder Entwicklungsländern, da dort ein begrenztes Angebot tierischer Lebensmittel oder geringere finanzielle Möglichkeiten vorhanden sind.
- Politische: Wie oben genannt als Widerstand zur Lösung des Welthungerproblems. Fleischverzehr wird als Teil einer patriarchalen Gesellschaftsordnung abgelehnt.
- Soziale: Es wird die anerzogene Kostform oder die des sozialen Umfelds gepflegt:
- Spirituelle: Fleischverzicht wird als Bestandteil von meditativen Übungen und/oder beispielsweise Yoga gesehen.
(Leitzmann und Keller 2013, S. 26)

4. Ernährungsphysiologische Bewertung einer Ernährungsform

Eine Kostform kann unter ökologischen, ethischen oder sozialen Aspekten bewertet werden. Es steht jedoch in dieser Arbeit die Sicherstellung der Nährstoffversorgung und der Erhalt oder die Verbesserung der Gesundheit im Vordergrund. Über die Nährstoffzufuhr und den Ernährungsstatus kann die Ernährungsversorgung bewertet werden. Die Nährstoffzufuhr ist die Gesamtmenge aller aufgenommenen Nährstoffe, während der Ernährungsstatus sich aus der Bilanz zwischen Verbrauch und Bedarf an Energie und Nährstoffen ergibt und kann mit Indikatoren, sog. Biomarkern gemessen werden. Der Ernährungsstatus wirkt sich auf den Gesundheitsstatus aus, ist dieser in schlechtem Zustand, geht das in der Regel mit einem schlechten Ernährungsstatus einher und es erhöht sich der Nährstoffbedarf. (Elmadfa I 2015) Die Deckung des Nährstoffbedarfs soll aber nicht nur der bloßen Mangelverhütung dienen, sondern auch als Krankheitsprävention.
(Elmadfa I 2015, S. 85)

4.1 Methodik

Es gibt in der Wissenschaft verschiedene Methoden, um die **Nährstoffzufuhr**, bzw. den Ernährungsstatus zu erfassen. Als erstes zu nennen sind hier die **indirekten Methoden**, die sich ernährungsökonomischer Rahmendaten wie Agrarstatistiken sowie Einkommens- und Verbrauchsstichproben (EVS) bedienen. Hierbei lassen sich Aussagen über durchschnittlich verzehrte Lebensmittelmengen einzelner Verbrauchergruppen ziehen, jedoch können keine Angaben zur Nährstoffzufuhr einzelner Personen gemacht werden.

Dementgegen gibt es die **direkten Methoden**, welche retrospektiv oder prospektiv angewandt werden. Ersteres bedeutet, dass die zurückliegende Nahrungsaufnahme aus der Erinnerung der Probanden protokolliert wird (z.B. 24-Std.-Recall). Die Wiegemethode (total diet study) beispielsweise dient zur Erfassung des gegenwärtigen Verzehrs. Diese Methoden weisen auf der Hand liegende Fehlerquellen wie fehlende Gewissenhaftigkeit der Probanden, geringere Nahrungsaufnahme im Untersuchungszeitraum (undereating) oder geringeres Protokollieren (underreporting) auf. Daneben gibt es auch saisonale Ungleichheiten, sodass bei guten Verzehrsstudien der Verzehr zu verschiedenen Jahreszeiten erfasst, sowie ein Methoden-Mix der oben genannten Methoden angewandt wird, um die Nachteile der jeweiligen Methode zu minimieren. Um abzuschätzen, ob eine von der Untersuchungsgruppe praktizierte Kostform den ernährungsphysiologischen Anforderungen entspricht, wird die tatsächliche Nährstoffzufuhr (bzw. die aus den Daten errechnete Ist-Menge) mit den Empfehlungen (Soll-Menge) verglichen. Es muss bei Unterschreitung der Empfehlungen von 20 - 30 % noch nicht von einem Nährstoffmangel aufgrund von Sicherheitszuschlägen bei den Empfehlungen gesprochen werden.

Für die Ermittlung des **Ernährungsstatus** werden verschiedene Untersuchungsmethoden kombiniert: Körpergewicht, Größe, Umfang, Körperfett (anthropometrisch); Nervensystem, Veränderungen an Haaren, Haut, Nägeln, Zähnen (klinisch); Blut- und Urinuntersuchungen (biochemisch); Immunglobulinwerte (immunologisch); Leistungstests (physiologisch). Bei der Erfassung des Gesundheitsstatus wird ähnlich vorgegangen, jedoch geht es oft um die Erfassung spezifischer Krankheitsbilder wie Diabetes Typ 2, Osteoporose oder koronare Herzkrankheiten. Es ist nicht zuletzt aus oben genannten Punkten schwierig, eine ernährungsphysiologische Bewertung des Veganismus vorzunehmen. Die verschiedenen Untersuchungsmethoden und Studien, sowie die individuell unterschiedlichsten Ausprägungen und Kostzusammenstellungen einzelner Veganer erschweren pauschale Aussagen. Des Weiteren gibt es noch erheblichen Forschungsbedarf beim Zusammenwirken verschiedener Nährstoffe und es können von wissenschaftlicher Seite wie mehrfach genannt nur recht grobe Empfehlungen ausgesprochen werden. Außerdem muss erwähnt sein, dass der Nährstoffbedarf eines einzelnen Menschen keine konstante Größe ist und er lässt sich experimentell nur schwer bestimmen. Er wird von zahlreichen Faktoren wie der Genetik, Wachstumsstatus, Krankheiten, Medikamenteneinnahme, Klima und Höhenlage, Körperbau, Aktivität, Stress und einigen weiteren beeinflusst. (Leitzmann und Keller 2013, S. 84–91)

Die in Deutschland gültigen Referenzwerte für die Nährstoffzufuhr werden von der *deutschen Gesellschaft für Ernährung* (DGE) herausgegeben. Internationale Organisationen, die ebenfalls Empfehlungen und Referenzwerte herausgeben, sind die *Weltgesundheitsorganisation* (WHO), die *europäische Behörde für Lebensmittelsicherheit* (EFSA) und einige Weitere. (Deutsche Gesellschaft für Ernährung (DGE) 2013)

Diese Referenzwerte der DGE sind für Individuen als Orientierung zu verstehen, da sie für eine definierte Bevölkerungsgruppe gelten. Die Empfehlungen liegen deutlich über dem tatsächlichen Bedarf, um ca. 98 % der Bevölkerung abzudecken. Die Empfehlungen ergeben sich statistisch aus dem durchschnittlichen Bedarf plus zweifacher Standardabweichung (ca. 20 % des Durchschnittbedarfs). Daneben gibt es weitere Sicherheitszuschläge, sodass ca. 2,5 % der Population selbst mit einer Nährstoffzufuhr 40 % unter den Empfehlungen immer noch ausreichend versorgt wären. (Leitzmann und Keller 2013, S. 83 f.) Abbildung 2 verdeutlicht dies.

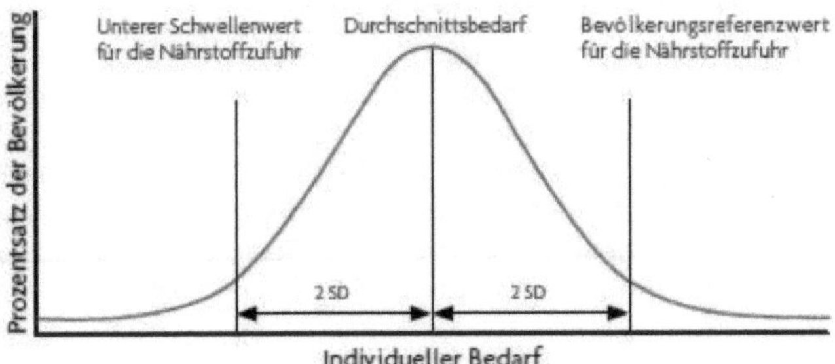

Abbildung 2 Verteilung des Bedarfs einer Bevölkerungsgruppe unter der Annahme, dass der Bedarf normalverteilt ist und die Unterschiede zwischen dem Bedarf verschiedener Einzelpersonen bekannt sind. Der Bevölkerungsreferenzwert liegt zwei Standardabweichungen (SD) über, der untere Schwellenwert zwei SD unter dem Durchschnittsbedarf. (EUFIC 2015)

Im Rahmen der vorliegenden Arbeit soll auf Daten bereits vorhandener Studien zurückgegriffen werden und überprüft werden, ob mit dem Veganismus die Referenzwerte der DGE eingehalten, die Gesundheit im Allgemeinen verbessert und Krankheiten vorgebeugt werden können.

4.2 Hauptnährstoffe

Zu den Hauptnährstoffen zählen die Kohlenhydrate für die Energiezufuhr, Fette und Proteine als Energieträger und Baustoff. Vitamine, Mineralstoffe und Ballaststoffe werden zu den Sekundärnährstoffen gezählt. Es ist laut der DGE empfohlen, mindestens 50 % des täglichen Energiebedarfs mit Kohlenhydraten, 9 – 11 % mit Proteinen und 25 – 30 % mit Fetten zu decken. (Deutsche Gesellschaft für Ernährung (DGE) 2013)

In der westlichen Welt liegt überwiegend eine hyperenergetische, das heißt, eine Nährstoffrelation mit einem zu hohen Kalorienanteil, Kostform vor. Zum Beispiel liegt die Kalorienzufuhr durch Fette im Schnitt schon über 35 %, die Proteinaufnahme bei über 14 %. Die empfohlene Kohlenhydratzufuhr wird deutlich unterschritten. (MAX-RUBNER INSTITUT 2008)

Diese Relation der Nährstoffe hängt deutlich vom individuellen Verzehrmuster der Konsumenten ab, da tierische Lebensmittel so gut wie keine Kohlenhydrate, dafür aber mehr Fett und Protein enthalten. In pflanzlichen Lebensmitteln sind dafür umso mehr Kohlenhydrate, aber weniger Fette zu finden. Ausnahmen bilden hier Nüsse, Oliven oder aber auch Avocados.
(Leitzmann und Keller 2013, S. 192 f.)

Kohlenhydrate

Traditionellerweise sind Kohlenhydrate in der Nahrung die Hauptenergielieferanten. Neben der Funktion der Energieversorgung der Zellen im Organismus dienen Kohlenhydrate noch als Substrate zur Synthese von zum Beispiel Bindegewebszellen, der Erbsubstanz DNS oder auch nicht-essentieller Aminosäuren. Der Körper speichert Kohlenhydrate in Form von Glykogen für 24 – 72 Stunden in der Leber und der Muskulatur. Ist dieser Speicher aufgebraucht, wird auf Fettreserven und zum Teil auf Proteine zurückgegriffen. (Leitzmann und Keller 2013, S. 194)

Wie schon erwähnt, sollte 50 – 60 % der aufgenommenen Nahrungsenergie über Kohlenhydrate geschehen. Diese sind idealerweise zum größten Teil komplex, das heißt, ein höherer Anteil an Vollkorn und somit an Ballaststoffen statt raffinierter isolierter Kohlenhydrate.
(Deutsche Gesellschaft für Ernährung (DGE) 2013)

Verzehrsstudien zeigen, dass Veganer eine höhere Kohlenhydrataufnahme als Vegetarier oder Mischköstler aufweisen. Auch ist der Anteil an komplexen Kohlenhydraten in der Regel höher (Vgl Tabelle 1). (Davey et al. 2003)

Fett

Fett ist im Organismus nicht zuletzt der wichtigste Energiespeicher. Es dient auch als Vorstufe für die Synthese hormonähnlicher Substanzen, Gallensäuren sowie Vitamin D und ist Bestandteil von Zellmembranen.
(Leitzmann und Keller 2013, S. 196)

Empfohlen wird von der DGE eine tägliche Zufuhr von 30 % der gesamten Nahrungsenergie über Nahrungsfett. Es wird dabei noch zwischen gesättigten, einfach ungesättigten und mehrfach ungesättigten Fettsäuren unterschieden. (Deutsche Gesellschaft für Ernährung (DGE) 2013) Im Rahmen dieser Arbeit werden an späterer Stelle noch die ungesättigten Omega-3- und Omega-6-Fettsäuren behandelt.

Die Energiezufuhr liegt bei Veganern in manchen Fällen unter den Empfehlungen, kann aber dennoch bei einer veganen Ernährung ausreichend getätigt werden. Die Fettzufuhr bei Veganern entspricht häufig den Empfehlungen. (Waldmann et al. 2005) In Tabelle 1 ist zu sehen, dass Veganer oft näher bei der Zufuhr der Hauptnährstoffe an den Empfehlungen der DGE liegen, als das bei Mischköstlern der Fall ist.
In der vorliegenden Arbeit wird an späterer Stelle ein besonderes Augenmerk auf essentielle Fettsäuren gelegt.

Die Proteinversorgung beim Veganismus wird ebenfalls in einem späteren Abschnitt genauer behandelt.

Tabelle 1 *EPIC-Oxford-Studie zur Aufnahme von Hauptnährstoffen bei Veganern und Mischköstlern (Davey et al. 2003)*

Aufnahme (Energie %)					
Kohlenhydrate		**Protein**		**Fett**	
Mischköstler	Veganer	Mischköstler	Veganer	Mischköstler	Veganer
47	55	16	13	32	28

4.3 Vitamine

Vitamine sind Stoffe, die vom Organismus nicht oder nicht ausreichend synthetisiert werden können und sind zufuhressentiell. Eine Ausnahme bildet das Vitamin D (vgl. Kapitel 5). Im Gegensatz zu den Hauptnährstoffen dienen sie weder als Energielieferant, noch als Baustoff. Vitamine wirken katalytisch, also reaktionsbegünstigend, oder steuernd als hormonähnliche Substanzen, überwiegend im Bereich des Stoffwechsels.
Sie haben aber auch zum Beispiel Detoxifikationseigenschaften.
Es wird zwischen den fettlöslichen Vitaminen A, D, E, K und den wasserlöslichen B1, B2, B6, B12 und C unterschieden. Die fettlöslichen Vitamine vermag der Organismus im Gegensatz zu den Wasserlöslichen in größerem Umfang zu speichern. Eine Ausnahme bildet das Vitamin B12, welches bis zu mehrere Jahre gespeichert wird. (Baltes und Matissek 2011)

Allgemein haben nach einigen Studien Veganer die beste Vitaminzufuhr bezogen auf die Vitamine A, C und E, besser als Vegetarier oder Mischköstler, siehe auch Tabelle 2. (Gilsing et al. 2010) Vitamin D und Vitamin B12 werden im nächsten Kapitel dieser Arbeit behandelt.

Tabelle 2 EPIC-Oxford-Studie zur Zufuhr von Vitamin C und E bei Mischköstlern und Veganern (Davey et al. 2003)

	tägliche Zufuhr (mg)	
	Mischköstler	Veganer
Vitamin C	129	162
Vitamin E	11,3	15,5

4.4 Mineralstoffe

Mineralstoffe sind essentiell, und werden in der Regel anorganisch mit der Nahrung zugeführt. Ihre wichtigste Funktion ist die Aufrechterhaltung osmotischer und elektrischer Gradienten sowie als Bestandteil von Hartgeweben. Daneben sind sie wichtig für die Funktion des Wasserhaushalts und als Bestandteil von Enzymen. (Leitzmann und Keller 2013, S. 207)

Die Mineralstoffversorgung ist bei Veganern ähnlich wie bei Vegetariern und Omnivoren, was die deutschlandweite leichte Natriumüberversorgung und die Jodmangelversorgung betrifft. Speziell Eisen und Calcium spielen bei veganer Ernährung eine wichtige Rolle, was im Laufe dieser Arbeit behandelt werden soll. (Leitzmann und Keller 2013, S. 211)

4.5 Ballaststoffe

Als Ballaststoffe werden die Stoffe bezeichnet, die von den menschlichen Verdauungsenzymen nicht abgebaut werden können. Sie sind in jedem Fall pflanzlich. Einige werden aber im Darm von den dort vorhandenen Bakterien metabolisiert. Ihre Funktionen sind eher im physischen als im ernährungsphysiologischen Bereich anzusiedeln. Sie haben zum Beispiel oft ein hohes Quellvermögen und verändern somit die Fließfähigkeit des Speisebreis, was beispielsweise zu längerem Sättigungsgefühl führen kann. Wichtig sind sie auch für den Erhalt der Darmflora oder zum Binden von unerwünschten Schwermetallen im Darm.
(Leitzmann und Keller 2013, S. 212 f.)

Die DGE empfiehlt eine tägliche Zufuhr von mindestens 30 g.
(Deutsche Gesellschaft für Ernährung (DGE) 2013)

Der durchschnittliche Verzehr in Deutschland liegt bei etwa 24 g/d.
(MAX RUBNER INSTITUT 2008)
Die Ballaststoffzufuhr ist bei Veganern am höchsten, während Mischköstler nur selten an die empfohlene Mindestzufuhr von 30 g/d kommen. Veganer erreichten in einzelnen Fällen bis zu 58 g/d. (Waldmann et al. 2005) In der *Epic-Oxford-Studie* erreichten Veganer im Schnitt 27 g/d (Vgl. Tabelle 3).

Tabelle 3 EPIC-Oxford-Studie zur Aufnahme einiger ausgewählter Vitamine, Mineralstoffe und Ballaststoffen von Mischköstlern und Veganern (Davey et al. 2003)

tägliche Zufuhr		
	Mischköstler	Veganer
Vitamin B12 (µg)	7,2	0,5
Vitamin D (µg)	3,4	0,9
Eisen (mg)	13	14,7
Kalzium (mg)	1023	596
Ballaststoffe (g)	18,8	27

5. Gesundheitliche Beurteilung einer veganen Kostform

Die Ernährung ist direkt oder indirekt an der Entstehung einer chronisch-degenerativen Erkrankung beteiligt. Ein Blick auf die Veränderung von Ernährungsgewohnheiten und die Zunahme von Zivilisationskrankheiten in den letzten Jahrzehnten bestätigen diese Beziehungen. Die Wohlstandskost tendiert zu einem höheren Gehalt an Energie, Fett, Protein und isolierten Kohlenhydraten, die an einer ausreichenden Zufuhr an beispielsweise Ballaststoffen und sekundären Pflanzenstoffen mangelt.
Zahlreiche Faktoren beeinflussen das Potential, eine bestimmte Krankheit zu bekommen, daher ist die Ernährungsabhängigkeit nur schwer messbar.
(Leitzmann und Keller 2013, S. 92)
Nach Schätzungen des deutschen Bundesministeriums für Gesundheit gehen in Deutschland 30 % aller Krankheitskosten auf Krankheiten zurück, die ernährungsmitbedingt sind, was einer Höhe von 70 Milliarden Euro im Jahr entspricht. (BMG 2007)

Wie schon erwähnt, spielen gesundheitliche Gründe bei der Wahl einer Kostform eine große Rolle. Diese sollen im Folgenden behandelt werden.

5.1 Präventives Potential veganer Ernährung

Wissenschaftliche Untersuchungen zeigen, dass vegetarische und vegane Ernährungsweisen ein großes Potential zur Vorbeugung von mit der Ernährung assoziierten Krankheiten bieten (Leitzmann und Keller 2013)

In der *Adventist Health Study 2*, einer großangelegten Studie in den USA, welche Anfang der 2000er Jahre mit ca. 70.000 Probanden startete und aktuell mit knapp 100.000 Menschen weiterläuft, wurde festgestellt, dass Veganer einen niedrigeren Body-Mass-Index (BMI) als die anderen Teilnehmer hatten, sowie seltener Untergewicht. (Tonstad et al. 2009) Veganer sind im Schnitt 13,6 kg leichter als Omnivore, haben einen um 5 Einheiten geringeren BMI, sind weniger insulinresistent und haben am seltensten Bluthochdruck und das geringste Risiko für Diabetes Typ 2. Das Risiko der Omnivoren, an Diabetes Typ 2 zu erkranken, ist 4x höher. (Singh et al. 2003)
Veganer haben ein 16 % niedrigeres Risiko, Krebs im Verdauungstrakt zu bekommen, sowie vegane Frauen ein 34 % niedrigeres Risiko, Brustkebs zu bekommen. (Tantamango-Bartley et al. 2013)
Die Studie besagt weiters, dass Vegetarier 9,5 Jahre, Vegetarierinnen 6,1 Jahre länger als der Rest der Bevölkerung leben. Natürlich ist das nicht auf das reine Weglassen des Fleischs gegründet, sondern geht mit dem erhöhten Obst-, Gemüse-, Nüsse- und Hülsenfrüchtekonsum einher. (Butler et al. 2008) Eine Ernährungsweise mit reichlichem Verzehr pflanzlicher Lebensmittel wirkt sich lebensverlängernd aus. (Singh et al. 2003)

Bei der *EPIC-Oxford-Studie*, einer weiteren großangelegten Studie mit über 60.000 Teilnehmern wird aufgezeigt, dass Veganer das geringste Risiko für Diabetes Typ 2 und Bluthochdruck, sowie den geringsten BMI aller Probanden haben. Das Risiko, an Hypertonie zu leiden, liegt für Veganer 50 % unter dem der Omnivoren. (Appleby et al. 2002) Außerdem haben Veganer ein bis zu
57 % niedrigeres Risiko, an kardiovaskulären Krankheiten zu leiden.
(Appleby et al. 1999) Der Veganismus ist einer mediterranen Ernährung sehr ähnlich. Dort sind allgemein nicht zuletzt wegen des Olivenöls, welches eine hohe Konzentration an der essentiellen Linolsäure aufweist, die Risiken der koronaren Herzkrankheit und Krebs zu bekommen, geringer. (Veith 1996) Veganer haben einen geringeren Triglyzeridspiegel und niedrigeren LDL-Cholesterinspiegel. LDL-Cholesterin ist das „schlechte", weniger erwünschte Cholesterin. Der Spiegel des HDL-Cholesterins bleibt weitestgehend gleich. (Resnicow et al. 1991)
Eine gut geplante, fettarme vegane Diät kann sich positiv bei der Gewichtskontrolle auswirken, wirkt präventiv gegen kardiovaskuläre Krankheiten und hilft, bereits an Diabetes Typ-2 erkrankten Menschen, dieses unter Kontrolle

zu halten. (Trapp und Barnard 2010)

Das Sterberisiko durch koronare Herzkrankheiten ist für Veganer um 26 % geringer als das Omnivorer, besagt eine Studie, die Daten aus 5 Studien mit insgesamt über 76.000 Teilnehmern vergleicht. Wird die Vitamin B12- und die Omega-3-Fettsäurenaufnahme gesteigert, verringert sich das Risiko noch weiter. (Li 2011)

Eine Studie der American Dietetic Association zeigt auf, dass eine vegane Kostform weniger ungesunde Fettsäuren und Cholesterin, dafür aber mehr positive Pflanzenstoffe enthält, was das Risiko für Rheuma, Darmerkrankungen und Gallensteine verringert. (Craig und Mangels 2009)

Neben den hier genannten Vorteilen und dem präventiven Potential der veganen Ernährung gibt es aber auch potentiell kritische Punkte, die bei dieser Kostform zu beachten sind. Diese werden im Folgenden aufgeführt.

5.2 Potentiell kritische Nährstoffe bei einer veganen Ernährung

Potentiell kritische Nährstoffe sind beim Vegetarismus Eisen, Jod, Vitamin D und Omega-3-Fettsäuren, also essentielle Fettsäuren. Potentiell kritisch bedeutet in dem Kontext, dass es zu Versorgungsproblemen kommen könnte, sollte die Kost nicht optimal zusammengestellt sein. Für Veganer sind dieselben Nährstoffe wie bei Vegetariern als kritisch zu nennen, werden aber noch um Vitamin B12 und Calcium ergänzt. Anzumerken ist, dass Vitamin D, Eisen, Jod und Kalzium auch von der breiten Durchschnittsbevölkerung unzureichend aufgenommen werden, daher sind sie auch im Veganismus als kritisch anzusehen. (Leitzmann und Keller 2013, S. 220)

Der Status eines kritischen Nährstoffs wird mithilfe einer Verzehrserhebung festgestellt, die aufzeigt, welche Nährstoffe unzureichend von der deutschen Durchschnittsbevölkerung aufgenommen werden. Einen Auszug solch einer Verzehrserhebung zeigt Tabelle 2. Dort ist zu sehen, dass bei den Nährstoffen überwiegend nicht die empfohlene Zufuhr erreicht wird. Somit haben sie den Status eines kritischen Nährstoffs.

Tabelle 4 Kritische Nährstoffe in Deutschland (MAX-RUBNER-INSTITUT 2008)

Nährstoff	Betroffene Personengruppe	Davon erreichen nicht die empfohlene Zufuhr (%)	
		Männer	**Frauen**
Vitamin D	Gesamtbevölkerung (aber abhängig von Eigensynthese)	82	91
Kalzium	Gesamtbevölkerung (insb. Im Wachstum oder Alter)	46	55
Jod	Gesamtbevölkerung	96	97
Eisen	Mädchen und Frauen im gebärfähigen Alter	-	75 (14 – 50 Jahre)

Es gibt vier Nährstoffe, die in Nahrung tierischer Herkunft vorkommen, aber nur in geringen Mengen oder gar nicht in Pflanzlicher. Diese sind Cholesterin, Vitamin A, D und B 12. Bis auf das Vitamin B 12 sind keine dieser Nährstoffe zufuhressentiell. (Campbell und Campbell 2006)

5.2.1 Protein

Proteine sind in jeder Zelle des Organismus vorhanden. Sie bestehen vom Trockengewicht her zur Hälfte aus Protein. Nahrungsproteine bestehen aus 20 von insgesamt 100 im menschlichen Organismus vorkommenden Aminosäuren. Von diesen 20 sind mindestens acht essentiell und müssen mit der Nahrung zugeführt werden. Die restlichen können vom Körper aus diesen synthetisiert werden. Nahrungsproteine dienen also dem Erhalt, dem Aufbau und der Erneuerung der im Körper vorhandenen Proteine und als Baustofflieferant für stickstoffhaltige Substanzen im Organismus. (Leitzmann und Keller 2013)

Die Zufuhrempfehlungen nach der DGE liegen bei 0,8 g/kgd Protein (pro Kilogramm Körpergewicht und Tag) für Erwachsene. (Deutsche Gesellschaft für Ernährung (DGE) 2013)

In diese Empfehlung wurden individuelle Schwankungen sowie Schwankungen der Proteinverdaulichkeit aus Mischkost eingerechnet. Der Mindestbedarf an Protein kann schon mit 0,4 – 0,6 g/kgd gedeckt werden. (Leitzmann und Keller 2013, S.271)

Bei Proteinen muss beachtet werden, dass diese abhängig von der Quelle eine unterschiedliche Qualität besitzen. Diese Qualität wird **biologische Wertigkeit** genannt und hängt von limitierenden Aminosäuren innerhalb des jeweiligen Proteins ab. Je mehr ein Aminosäuremuster eines Proteins dem Aminosäurebedarf des menschlichen Organismus entspricht, desto höher ist seine biologische Wertigkeit. Grundsätzlich ist die biologische Wertigkeit tierischer Proteine höher als die der pflanzlichen Proteine. Volleiprotein wird als Referenzgröße für andere Proteine herangezogen, da es eine biologische Wertigkeit von 94 % und somit die höchste biologische Wertigkeit aller Nahrungsproteine hat. Da aber unterschiedliche Proteine unterschiedliche limitierende Aminosäuren haben, kann die biologische Wertigkeit über den Aufwertungseffekt durch Kombination verschiedener Nahrungsmittel deutlich verbessert werden, sodass sie teils sogar über dem Referenzprotein liegt. (Biesalski 2007) Ein Beispiel für die Steigerung der biologischen Wertigkeit durch Kombination zweier pflanzlicher Proteinquellen ist, Weizen mit Hülsenfrüchten zu kombinieren. Beim Weizenprotein ist die Aminosäure Lysin die Limitierende, was mit dem Lysinreichen Protein der Hülsenfrüchte ausgeglichen werden kann. (Deutsche Gesellschaft für Ernährung (DGE) 2013)

Eine auf Pflanzen basierende Ernährung deckt bei Variation den kompletten Proteinbedarf ausreichend ab. (Position Paper on the vegetarian approach to eating 1980) Sojaprotein, welches die höchste biologische Wertigkeit aller Pflanzenproteine von 84 % besitzt, sei selbst als alleinige Proteinquelle für Kinder, Jugendliche und Erwachsene ohne weitere Aminosäuren-Supplementierung ausreichend. (Young 1991) Wichtig bei Veganern ist eine ausreichende Zufuhr an Nahrungsenergie, damit die oftmals geringere Menge an zugeführten Proteinen nicht zur Energiegewinnung herangezogen werden muss. (Leitzmann und Keller 2013)

Einige Phytochemikalien im Soja werden bei mäßigem Konsum als antikanzerogen eingestuft, damit aber Sojaprodukte oder andere pflanzliche Eiweißquellen ihre positive Wirkung, bzw. die der ihnen anhängenden sekundären Pflanzenstoffe entfalten können, sollten diese in möglichst naturbelassener Form konsumiert werden. Die immer stärkere Isolation des Proteins aus der Pflanze entfernt gesundheitsförderliche Bestandteile. Dies trifft insbesondere auf „Pflanzenfleisch", also pflanzliche Fleischersatzprodukte wie TVP (Texturized Vegetable Protein) zu. (Messina und Messina 1991)

Bei der deutschen *Vegan-Studie* mit knapp 1000 Freiwilligen erreichten 31 % der Männer und 41 % der Frauen nicht die empfohlene Zufuhr von 0,8 g/kgd Protein, ein Viertel der Probanden war aber untergewichtig. Dennoch kann für eine ausreichende Proteinzufuhr bei veganer Kost gesorgt sein, wenn auch die

Energiezufuhr ausreichend ist, sodass Proteine nicht für die Energieversorgung herangezogen werden müssen. (Waldmann et al. 2003)

5.2.2 Eisen

Eisen ist essentiell für das Hämoglobin, also die roten Blutkörperchen im Blut und dient dem Sauerstofftransport. Etwa zwei Drittel der gesamten im Körper vorkommenden Eisenmenge ist im Hämoglobin zu finden. Der Rest liegt in gespeicherter Form in Muskeln vor oder ist in Enzymen sowie in der Synthese von Hormonen und Neurotransmittern beteiligt. Ein Mangel führt in frühen Stadien zu gehäuften Infektionskrankheiten. Der erste Indikator ist in der Regel gehäufte Müdigkeit. (Sherman 1992)

Die DGE empfiehlt männlichen Erwachsenen eine Eisenaufnahme von 10 mg/d und Frauen 15 mg/d. Sind die Frauen nicht schwanger, menstruieren und stillen sie nicht, wird auch ihnen 10 mg/d empfohlen. (Vgl. Tabelle 5)
(Deutsche Gesellschaft für Ernährung (DGE) 2013) Tabelle 5 verdeutlicht auch, dass in besonderen Lebensphasen wie der Schwangerschaft oder der Stillzeit der Eisenbedarf deutlich steigt.

Tabelle 5 Der jeweilige Eisenbedarf, sortiert nach Geschlecht und Altersgruppe. Für die weiblichen Personen zwischen 15 und 51 gilt, wenn sie nicht stillen, menstruieren oder schwanger sind, ebenfalls 10 mg/d. (Deutsche Gesellschaft für Ernährung (DGE) 2013)

Alter	mg / Tag	
	männlich	weiblich
15 - 19	12	15
19 – 25	10	15
25 – 51	10	15
51 – 65	10	10
65 und älter	10	10
Schwangere	-	30
Stillende	-	20

Laut der Weltgesundheitsorganisation WHO ist der Eisenmangel der weltweit häufigste Nährstoffmangel. In den Industrienationen leiden darunter 20 % der Schwangeren und 4 % der Männer. Eisenmangel ist daher der einzige Nährstoffmangel, der in relevantem Ausmaß auch in der westlichen Welt vorkommt. (UNICEF, UNU, WHO 2001, S. 15)

Das in tierischen Produkten überwiegende organisch komplex gebundene Häm-Eisen wird besser resorbiert als ionisches Eisen aus pflanzlicher Nahrung. Insbesondere das überwiegend in pflanzlicher Nahrung vorkommende Nicht-Hämeisen bildet schwerlösliche Verbindungen mit Oxalsäure, Tanninen und anderen Pflanzeninhaltsstoffen. Außerdem reagiert es im oberen Dünndarm zum unlöslichen Eisenhydroxid. Hämeisen ist hingegen deutlich besser resorbierbar. Reduktionsmittel wie Vitamin C und schwefelhaltige Aminosäuren erhöhen die Eisenverfügbarkeit. (Vegetarismus 2012, S. 73)
Vitamin C Aufnahme erhöht die Eisenabsorption um das 3-4fache. Vitamin C vermag, das schwieriger Nicht-Hämeisen zum besser verfügbaren Hämeisen zu reduzieren. (Craig 2010) Die Absorptionsrate bei aus tierischen Lebensmitteln stammenden Eisen liegt bei über 20 %, während das aus pflanzlicher Nahrung ohne absorptionsfördende Stoffe zugeführte Eisen zu kaum mehr als 5 % absorbiert wird. (Deutsche Gesellschaft für Ernährung (DGE) 2013)

Es gibt bestimmte Pektine, also Ballaststoffe, welche die Eisenaufnahme erhöhen. (American Society for Nutrition 1999)
Im ländlichen China beispielsweise führen sich die Menschen im Durchschnitt 34 mg/d Eisen zu, während es in der westlichen Welt nur 18 mg/d sind. Dies ist mit der dort vorherrschenden besonders Gemüse- also ballaststoffreichen Kost in Verbindung zu bringen. (Campbell und Campbell 2006, S. 91)
Veganer haben meist eine höhere Eisenzufuhr als Mischköstler, jedoch liegen aufgrund der schlechteren Verfügbarkeit des Eisens aus pflanzlicher Nahrung die Eisenspeicher in Form von Serumferritin niedriger als bei Mischköstlern. (Davey et al. 2003)

Pflanzliches Eisen geht bei der Resorption einen dritten, bisher unbekannten Weg der Resorption, was an Probanden mit radioaktiv markiertem Eisen bewiesen wurde. Dieser Transportweg ist unabhängig von den bisher bekannten: der anorganischen Eisensalze und des Hämeisens, was auch Behandlungsmöglichkeiten bei Non-Respondern, also Menschen, die trotz ausreichender Eisenaufnahme zu wenig absorbieren, zeigen könnte.
(Theil et al. 2012) Es ist weitere Forschung notwendig, um optimale Ernährungsempfehlungen herausgeben zu können, die einen Eisenmangel vorbeugen sollen. (Beck et al. 2014)

Veganer, welche eine ausgewogene variantenreiche Kost zu sich nehmen, haben kein größeres Risiko der Eisenmangelanämie als Mischköstler. Eine Kost reich an Vollkorn, Hülsenfrüchten, Nüssen, Obst und grünem Blattgemüse sorgt für eine adäquate Eisenzufuhr. Der Darm reguliert den Prozess der Eisenaufnahme und –Ausscheidung insofern, dass der Bedarf des einzelnen gedeckt sein sollte. Menschen mit einem höheren Bedarf an Eisen tendieren dazu, mehr Eisen zu absorbieren und weniger auszuscheiden. Mit dem aktuellen

Stand der Forschung kann noch nicht akkurat die Eisenabsorptionsrate eines Individuums gemessen werden. (Saunders et al. 2013)

In der *EPIC-Oxford-Studie*, eine der größten und repräsentativsten Studien und Verzehrserhebungen, bei der mehr als 2500 Veganer teilnahmen, wurde belegt, dass Veganer oftmals sogar eine höhere Eisenaufnahme als Vegetarier oder Mischköstler haben (Vgl. Tabelle 3). (Davey et al. 2003) Die Serumferritinwerte von 40 % der veganen Frauen zwischen 19 und 50 Jahren waren in der deutschen *Vegan-Studie* erniedrigt, während dies bei 10 % der Frauen der gleichen Altersgruppe in der Gesamtbevölkerung der Fall war. (Waldmann et al. 2005)

5.2.3 Kalzium

Kalzium ist der mengenmäßig am stärksten vorhandene Mineralstoff im Körper. Über 1000 g trägt ein Erwachsener davon in sich, wobei davon etwa 99% in Zähnen und Knochengewebe vorkommen. Knochen haben neben der reinen Stützfunktion auch das Speichern und Verfügbarmachen von Kalzium für den restlichen Organismus zur Aufgabe. Kalzium spielt eine maßgebliche Rolle bei der Blutgerinnung und es aktiviert Hormone und Enzyme. In Abwesenheit von Vitamin D kann eine bedarfsgerechte Kalziumversorgung nicht gewährleistet sein. (Leitzmann und Keller 2013, S.258 f.) Dazu mehr im weiteren Verlauf.

Die deutsche Gesellschaft für Ernährung empfiehlt Erwachsenen eine tägliche Kalziumzufuhr von 1000 mg. (Deutsche Gesellschaft für Ernährung (DGE) 2013) Hier ist wieder ein Sicherheitszuschlag mit eingerechnet. Der Mensch erreicht in der Regel zwischen dem 25. und 30. Lebensjahr herum seine größte Knochenmineraldichte. Ist das Maximum der Knochenmineraldichte erreicht, kann für eine ausgeglichene Kalziumbilanz auch schon mit einer Zufuhr von 400 – 600 mg am Tag gesorgt sein. (Leitzmann und Keller 2013, S 262) Laut einer Modellrechnung der WHO würde der Kalziumbedarf eines Erwachsenen auf 600 mg /d reduziert (was der Empfehlung der DGE ohne Sicherheitszuschlag entspricht), wenn die Zufuhr an tierischen Protein auf 20 g/d reduziert würde, was in etwa der unterschiedlichen Zufuhr der Industrieländer im Schnitt entspricht. (Weltgesundheitsorganisation 2004) Dies ist mit der verminderten Kalziumausscheidung in Verbindung zu bringen, die mit der Reduzierung der Zufuhr von tierischem Protein einhergeht. (Vgl. 3.4)

Die fraktionierte Kalziumabsorption aus Vollkornweizenerzeugnissen übertrifft die Absorption von Kalzium aus der Milch. Bei einer Studie wurde nachgewiesen, dass markiertes Kalzium aus Vollkornbrot zu 81,7 % und markiertes Kalzium aus Milch zu 64,0 % absorbiert wurde. (Weaver et al. 1991)

Wie schon mehrfach angesprochen, hat ein steigender Proteinverzehr, also ab 2 g/kgd, Kalziumverlust zur Folge, insbesondere der Verzehr von tierischem Protein. (Kok et al. 1990)

Für die Kalziumbilanz muss ein größeres Augenmerk auf die Kalziumausscheidung gelegt werden. Mit steigender Proteinzufuhr, insbesondere tierischer Proteine, steigt die Kalziumausscheidung über den Urin. Zum einen liegt das an den schwefelhaltigen tierischen Aminosäuren, welche zu Schwefelsäure abgebaut werden, zum Anderen enthalten proteinreiche tierische Lebensmittel auch viel Phosphat, welches ebenfalls zur Säurebelastung des Organismus beiträgt. Es werden etwa pro Gramm Protein 10 mg Kalzium ausgeschieden. (Weltgesundheitsorganisation 2004)

„Der Mechanismus Proteinüberschuss-Kalziumverlust funktioniert im Prinzip wie folgt: […] Der menschliche Körper kann Proteine bzw. Aminosäuren nicht über längere Zeit speichern, wie das bei Fett und Kohlenhydraten der Fall ist. Zuviel Eiweiß wird daher abgebaut, nicht verwertet und ausgeschieden. Dabei fungiert das Kalzium als Säureneutralisator. Bei den überflüssigen Eiweißabbauprozessen entstehen Abbauprodukte, wie z.B. Säuren, die zunächst das Säure-Basen-Gleichgewicht des Organismus beeinträchtigen. Es kommt zur viel beklagten Übersäuerung des Organismus. Die entstandenen Säuren verbinden sich mit einem Neutralisator, meistens dem Kalzium, und werden zusammen mit ihm ausgeschieden. Ist nicht genug freies Kalzium vorhanden, mobilisiert es der Körper aus den Knochen. Auf diese Weise trägt ein dauernder Eiweißüberschuss zusammen mit einem nicht adäquaten Kalziumangebot aus der Nahrung zur Kalziumentleerung der Knochen bei." (Rollinger, M 2010, S. 154–155)

Zur Pufferung der durch den Proteinabbau angefallen Säurelast werden aus den Knochen Kalzium- und andere Ionen mobilisiert. Ein Verzehr von basenbildendem Obst und Gemüse kann der Kalziumausscheidung entgegenwirken, da die darin vorkommenden Salze organischer Säuren durch ihre alkalisierende Wirkung ihren Beitrag zur Pufferung leisten.
(Vormann und Goedecke 2006)

Ein Versuch, bei dem reines Kasein, also Milcheiweiß an frisch entwöhnte Ratten verfüttert wurde, wurde eine erhöhte Neigung zur Nierenverkalkung der Ratten beobachtet. (Greger et al. 1987) Dies lässt sich so interpretieren, dass vermehrt Säuren bei der Verdauung des Milchproteins entstehen, die mit dem Kalzium neutralisiert werden sollen. Die Menge im Urin ist zu hoch und kristallisiert in den Nieren und kann nicht mehr resorbiert werden.

Eine überwiegend pflanzliche Kostform mit vielen Früchten und Gemüse senkt das Nierensteinrisiko um bis zu 93 %. (Siener und Hesse 2003)

Pflanzliche Proteine, insbesondere aus Soja haben nachweislich keinen Kalziumverlust zur Folge, da der Kalziumverlust mit Schwefelreichen Aminosäuren einhergeht. Die in Pflanzenproteinen vorkommenden Aminosäuren sind weniger reich an Schwefel. (Kaneko et al. 1990)

Unter Umständen ist der durch die überhöhte Proteinaufnahme in den Industrienationen bedingte negative Kalziumbilanz zuzuschreiben, dass Fälle von Osteoporose-bedingten Hüftfrakturen am häufigsten dort auftreten, wo die landestypische Kostform am meisten Milchprodukte, also kalziumreiche Produkte und proteinreiche Kost beinhaltet. So sind diese Frakturen zum Beispiel in den meisten Fällen in den USA und Skandinavien sowie Europa zu finden, während solche Fälle in Afrika so gut wie nie auftreten. (Veith 1996, S. 68) Es muss aber erwähnt sein, dass dies mit dem sonneninduzierten Vitamin-D-Spiegel korrelieren kann, welcher die Kalziumaufnahme stark beeinflusst.

In Deutschland wird ein Viertel der Kalziumversorgung der Allgemeinbevölkerung durch alkoholfreie Getränke gedeckt, 40 % aus Milch und Milchprodukten. (MAX-RUBNER INSTITUT 2008)

Vegane Frauen nehmen im Schnitt 550 mg/d und vegane Männer 600 mg/d Kalzium auf (Vgl. Tabelle 3). (Davey et al. 2003) Diese Aufnahme ist ausreichend, sofern die bereits erwähnte maximale Knochendichte erreicht wurde. Während des Wachstums, der Schwangerschaft oder des Stillens, sollte auf eine erhöhte Kalziumaufnahme geachtet werden, beziehungsweise eine Supplementierung in Betracht gezogen werden.
Veganer mit einer Kalziumzufuhr von unterhalb 525 mg/d haben in der Regel eine geringere Knochenmineraldichte und haben ein höheres Risiko, Osteoporose zu bekommen oder Frakturen zu erleiden. Bei höherer Kalziumzufuhr gibt es in Bezug auf das Frakturrisiko keine signifikanten Unterschiede zu Omnivoren oder Vegetariern. (Smith 2006)

5.2.4 Vitamin B12

Vitamin B12, auch Kobalamin genannt, ist ein sehr komplexes Molekül, in dem koordinativ ein Kobaltatom gebunden ist. Es ist ein wichtiges Coenzym für den Stoffwechsel der Kohlenhydrate, Proteine und Fette. Auch spielt es eine wichtige Rolle beim Stoffwechsel der Nukleotide, welche ein Bauteil der Erbsubstanz, der DNS sind. Schwere Vitamin-B 12-Mangelzustände können zu irreversiblen neurologischen Schäden führen. Das Vitamin wird weder von Tieren, noch von

Pflanzen synthetisiert. Es wird von Darmbakterien hergestellt, auch beim Menschen. Allerdings findet im menschlichen Darm die Absorption so gut wie gar nicht statt. (Veith 1996, S.95)

Ratten beispielsweise, aber auch andere Tiere, bedienen sich der Coprophagie, das bedeutet, dass sie ihren eigenen Kot essen. Versuche haben gezeigt, dass diese Ratten nachweislich höhere B12-Werte haben, als die, bei denen die Coprophagie verhindert wurde. (Sukemori et al. 2003)
Dass im menschlichen Darm ebenso B12-produzierende Bakterien vorhanden sind, wurde schon Anfang der 1960er Jahre durch einen kontroversen Versuch bewiesen. Dort wurde Probanden mit einem B12-Mangel ein Eigenstuhl-Extrakt verabreicht, welcher den B12-Mangel aufzuheben vermochte.
(Callender und Spray 1962)

Die Empfehlungen der DGE für die Vitamin-B12-Zufuhr liegen bei 3 µg/d (Deutsche Gesellschaft für Ernährung (DGE) 2013)

Oftmals beträgt beim gesunden Menschen die körpereigene B 12-Reservekapazität 3-5 Jahre, sodass ein eventueller Mangel auch erst sehr spät feststellbar ist. (Elmadfa I 2015)

Wie bereits oben beschrieben, bilden Pflanzen kein Vitamin B12.
Die Forschung hat ergeben, dass Pflanzen, gepflanzt auf einer gesunden Erde, welche mit Bio-Düngern bearbeitet ist, sodass eine gesunde Mikroflora entstehen kann, ausreichend B12 absorbieren können. Doch die heutigen Permakulturen mit jahrelanger Behandlung der Böden mit Pestiziden, Herbiziden und Düngern lassen den B12-Gehalt gegen Null sinken. Pflanzliche Quellen sind daher oft mangelhafte Lieferanten für B12. (Mozafar 1994) Allerdings konnte Seetang, also Nori als pflanzliche B12-Quelle ausgemacht werden, da es in Versuchen mit Ratten in diesen den B12-Spiegel hat ansteigen lassen. (Watanabe et al. 2002) Bei den oft als B12-Quelle vermarkteten cyano-Algen wie Spirulina ist das aber nicht der Fall, da diese nur ein für den Menschen nicht brauchbares Analogon des Vitamins enthalten. (Watanabe 2007)

In der *EPIC-Oxford-Studie* hatte die Hälfte der Veganer einen Vitamin B12-Mangel. Im Schnitt nahmen sie nur 0,41 µg/d auf (Vgl. Tabelle 3).
(Davey et al. 2003) Auch bei Vegetariern war ein Viertel von dem Mangel betroffen. (Gilsing et al. 2010) Weitere Studien zeigen einen Mangel von 40 – 90 % bei Veganern auf. Ein eventueller B12-Mangel wirkt sich auch nachteilig auf die Prävention kardiovaskulärer Krankheiten aus. (Waldmann et al. 2005) Dies ist damit zu begründen, dass Vitamin B12 für den Abbau von Homocystein im Organismus notwendig ist. Homocystein ist eine Aminosäure, welche bei erhöhtem Vorkommen im Blut für kardiovaskuläre Krankheiten und auch für psychiatrische Befunde wie Depressionen, Psychosen und Gedächtnisstörungen

mitverantwortlich ist. Diese dadurch hervorgerufenen neurologischen Schäden sind potentiell irreversibel. (Herrmann et al. 2008)

Die *American dietic Association* rät, Säuglingen, die von veganen Müttern gestillt werden, die selbst keine adäquaten B12-Quellen verwenden, Supplemente zu verabreichen. (Mangels und Messina 2001) Es treten bei deren gestillten Kindern sonst Gedeihstörungen auf. (Vegetarismus 2012)

Unter oben genannten Gesichtspunkten ist es für Veganer ratsam, ihren Vitamin B 12-Spiegel professionell überwachen zu lassen und gegebenenfalls eine Supplementierung zu erwägen.

5.2.5 Vitamin D

Vitamin D ist wie schon erwähnt maßgeblich an der Regulation des Kalzium-, aber auch des Phosphathaushalts im Körper beteiligt. Es sorgt insbesondere für ein Gleichbleiben des Kalziumspiegels im Blut, in dem es mit die Freisetzung des Kalziums aus den Knochen reguliert, sowie die Rückresorption in den Nieren. Des Weiteren regt das Vitamin die Bildung von Osteoplasten, also von knochenbildenden Zellen an. Außerdem spielt es eine wesentliche Rolle bei der Insulinsekretion in der Bauchspeicheldrüse und hat präventive Wirkung bezogen auf Dickdarmkrebs. (Leitzmann und Keller 2013, S. 235) Die deutsche Gesellschaft für Ernährung empfiehlt eine tägliche Zufuhr von 5 µg für Erwachsene. (Deutsche Gesellschaft für Ernährung (DGE) 2013)

Im Vergleich zu tierischen Lebensmitteln weisen Pflanzliche praktisch kein Vitamin D auf, daher ist bei Vegetariern und Veganern die Zufuhr entsprechend deutlich geringer. Jedoch erreichen auch Mischköstler die Empfehlungen meist nicht (Vgl. Tabelle 3). (Davey et al. 2003)

Ergebnisse der *Adventist Health Study 2*, einer großangelegten Verzehrsstudie in den USA zeigen, dass weniger die Ernährung, als vielmehr die Sonnenexposition und die Pigmentierung der Haut eine wichtige Rolle bei der Vitamin-D-Versorgung spielen. (Chan et al. 2009) Bei ausreichender Sonneneinstrahlung kann der Vitamin D-Bedarf vollständig über die Eigensynthese gedeckt werden, jedoch ist die Eigensynthese unter heutigen Bedingungen der Zivilisation insbesondere in den Wintermonaten kaum bis gar nicht zu gewährleisten. Auch hat z.B. (Bio-)Kuhmilch im Sommer einen höheren Vitamin D-Anteil als im Winter, da dort aufgrund der Sonneneinstrahlung eine höhere Synthese gewährleistet ist. (Leitzmann und Keller 2013, S. 236 f.)

Daher sollte eine gezielte Supplementierung des Vitamins oder die Aufnahme von damit angereicherter Nahrung erwogen werden.

Allerdings haben zwei großangelegte Studien mit insgesamt über 12.000 Probanden aufgezeigt, dass zumindest sehr hochdosierte Langzeitsupplementierungen des Vitamins die Gefahr, Knochenfrakturen zu bekommen, um über 50 % gesteigert haben. (Sanders et al. 2013)

5.2.6 Essentielle Fettsäuren

Essentielle Fettsäuren spielen eine maßgebliche Rolle bei der Hirnentwicklung und in den Nervenzellen. Sie sind essentielle Bestandteile biologischer Membranen und auch in der Retina, der Netzhaut des Auges, übernehmen sie wichtige Funktionen. Auch als Vorstufe wichtiger hormonähnlicher Substanzen, die beispielsweise Entzündungsprozesse oder Gefäßerweiterungen im Körper regulieren, sind sie unentbehrlich. Diese hormonähnlichen Substanzen heißen Eicosanoide. Wegen der Möglichkeit der Gefäßerweiterung und der Verbesserung der Fließeigenschaften des Blutes wird insbesondere den Omega-3-Fettsäuren, zu denen die alpha-Linolensäure gehört, die Fähigkeit der Prävention kardiovaskulärer Krankheiten zugesprochen. (Leitzmann und Keller 2013, S.243 f.) Die alpha-Linolensäure wird als Omega-3-Fettsäure bezeichnet, da von links (von der Methyl-Gruppe aus) gezählt die erste Doppelbindung beim dritten C-Atom liegt. (Vgl. Abbildung 3) Dementsprechend sind die Linolsäure, die gamma-Linolen- oder Linolensäure und die Arachidonsäure Omega-6-Fettsäuren. Die DGE empfiehlt für die Zufuhr von essentiellen Fettsäuren ein Verhältnis von 5:1 oder darunter, d.h.: etwa 6,5 g/d Linolsäure zu 1 g/d alpha-Linolensäure. (Deutsche Gesellschaft für Ernährung (DGE) 2013)

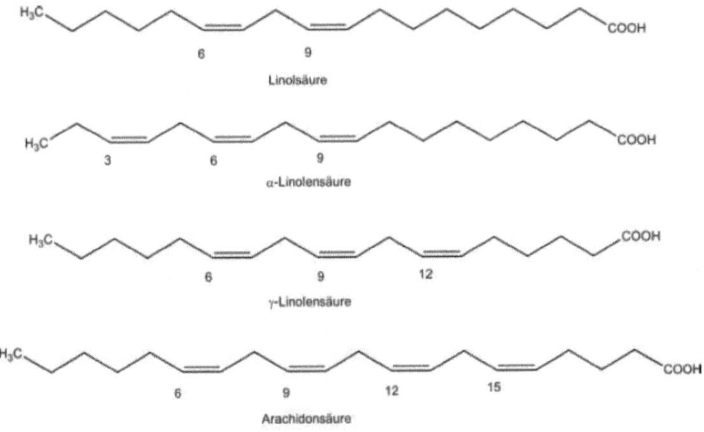

Abbildung 3 Wichtige essentielle und semi-essentielle Fettsäuren (Baltes und Matissek 2011)

Linolsäure ist essentiell. Die in unterschiedlicher Literatur erwähnte gamma-Linolensäure (gamma-Linolensäure) kann aus der Linolsäure vom Körper synthetisiert werden. (Baltes und Matissek 2011, S. 88–90) Die alpha-Linolensäure wird ebenfalls als essentielle Fettsäure betrachtet. Arachidonsäure, welche aus 20 C-Atomen besteht und 4 Doppelbindungen aufweist, kann vom Körper aus Linolsäure gebildet werden, wenn diese in ausreichender Menge vorhanden ist. Daher ist die Arachidonsäure als semi-essenziell einzustufen. (Rehner G 2002)

Veganer nehmen oft relativ viel Linolsäure über zum Beispiel Olivenöl zu sich. (Li et al. 2011)

Es empfiehlt sich, täglich etwa einen halben Teelöffel Leinöl zu sich zu nehmen, um die empfehlenswerte Menge von 2-4 g/d alpha-Linolensäure zu decken. Aber auch andere Samen, Walnüsse oder Algen können reich an der essentiellen alpha-Linolensäure sein. (Leitzmann und Keller 2013, S. 250)

6 Fazit

Im Wesentlichen wurde in dieser Arbeit gezeigt, dass grundsätzlich mit einer veganen Ernährung die Empfehlungen der Nährstoffzufuhr erreicht werden können und dass Veganer ein teilweise deutlich geringeres Risiko für einige chronische ernährungsassoziierte Krankheiten haben.
Allerdings kommt es bei einigen Nährstoffen zu einer kritischen Versorgung, insbesondere, wenn die Kost nicht optimal zusammengestellt ist.
Besonders hervorzuheben sind hier Kalzium und das Vitamin B 12. Bei Mangel dieser Nährstoffe kommt es beim Kalzium zu einer niedrigeren Knochenmineraldichte bis hin zur Osteoporose beziehungsweise beim Vitamin B 12 zu teilweise irreversiblen neurologischen Störungen. Besondere Personengruppen wie Heranwachsende, Schwangere, Stillende oder Senioren erfordern besondere Aufmerksamkeit und sollten zusätzlich den Eisen-Status als kritisch betrachten.
Es empfiehlt sich daher, den Status dieser kritischen Nährstoffe einmal im Jahr ärztlich via Blut- oder Urinproben untersuchen zu lassen. Bei einer nicht optimalen Nährstoffversorgung oder bei einem Mangel kann es ratsam sein, eine Ernährungsberatung durch entsprechende Fachkräfte in Anspruch zu nehmen.

Grundsätzlich besteht immer noch die Problematik, Wirkungen bestimmter Stoffe auf Organismus zu belegen und es besteht erheblicher Forschungsbedarf im Bereich der Ernährungsphysiologie (Preuß 2001, S. 50). Die Ernährungsphysiologie ist ein Gebiet, bei dem es häufig Änderungen und neue

Erkenntnisse gibt, war doch der Vegetarismus vor ein paar Dekaden als Mangelernährung verschrien, gilt er heute schon als gesundheitsbewusst und präventiv gegen Krankheiten. (Leitzmann und Keller 2013)

Das Schweizer Bundesamt für Gesundheit hält eine vegane Ernährung für breite Bevölkerungskreise für möglich, wenn ein entsprechendes Ernährungswissen vorhanden ist. (Eidgenössische Ernährungskommission, Bundesamt für Gesundheit 2007) Die DGE rät vom Veganismus zumindest in der Schwangerschaft, der Stillzeit, sowie im Wachstum ab, wenn die Risikonährstoffe nicht ausreichend supplementiert werden. (Deutsche Gesellschaft für Ernährung (DGE) 2013) Beim diesjährig stattgefundenen Dietary Guidelines Advisory Commitee in den USA wurde folgendes gesagt: „Die bedeutendsten Ergebnisse bezüglich nachhaltiger Kostformen war, dass eine Kostform mit einem höheren pflanzenbasierten Anteil wie Gemüse, Obst, Vollkorn, Hülsenfrüchte, Nüsse und Samen sowie niedriger an Kalorien und tierischen Produkten deutlich gesundheitsfördernder und umweltschonender ist als die herkömmliche praktizierte Kostform in den USA. (Dietary Guidelines Advisory Committee (USDA) 2015)

Grundsätzlich sind Menschen, die regelmäßig, oder nur Bio-Produkte zu sich nehmen, dazu zählen auch die meisten Veganer, im Allgemeinen gesünder, jedoch reicht der Forschungsstand noch nicht aus, um das nur mit der Nahrung zu begründen. Generell führen diese Menschen einen gesundheitsbewussteren Lebensstil, was z.B. Stressmanagement und Bewegung betrifft. (Kesse-Guyot et al. 2013) Dies sagt aus, dass der ganze Lebensstil mit für die Gesundheit ausschlaggebend ist und nicht nur die Ernährung. Jedoch spielt sie, wie viele Studien zeigen und in dieser Arbeit dargelegt wurde, eine wesentliche Rolle.

Es zeigen auch viele großangelegte repräsentative Studien wie die *EPIC-Oxford-* oder die *Adventist Health Studies*, dass die vegane Ernährung grundsätzlich positiven Einfluss auf den Gesundheitszustand, die Gewichtskontrolle und die Prävention von Krankheiten haben kann.
Es werden durch die vegane Lebensweise nachweislich die Risiken, bekannte Zivilisationskrankheiten wie Diabetes Typ 2, Hypertonie, also Bluthochdruck, koronare Herzerkrankungen und kardiovaskuläre Erkrankungen zu bekommen, gesenkt. Diese eben genannten Krankheiten sind in den Industrienationen hauptverantwortlich für nicht natürliche Sterbefälle.

Wie es auch schon die Schweizer Eidgenossenschaft (siehe oben) empfiehlt, sollte der Veganismus als individuelle Kostform nur bei vorhandenem Wissen gewählt werden. Gerade in besonderen Lebensphasen wie Schwangerschaft, Stillzeit und Wachstum sollte ein besonderes Augenmerk auf die im Kapitel der potentiell kritischen Nährstoffe erwähnten Elemente gelegt werden und nötigenfalls auf medizinische Überwachung zurückgegriffen werden.

Eine Supplementierung, gerade für das Vitamin B12 scheint beinahe unabdingbar, sofern nicht täglich Nori-Algen konsumiert werden. Viele Veganer greifen da auf eine mit B12 angereicherte Zahnpasta oder Supplemente in Kapsel- oder Pulverform zu.

Nach Betrachtung einiger Argumente aus dieser Diskussion ist die Schlussfolgerung naheliegend, dass eventuelle gesundheitliche Vorteile des Veganismus nicht auf das reine Weglassen tierischer Produkte fußen, sondern dass bei der veganen Ernährung der Anteil einiger gesunder pflanzlicher Lebensmittel in der Ernährung automatisch erhöht wird. Dennoch ist ganz klar zu sehen, dass zumindest eine Einschränkung des Konsums von tierischem Protein gerade in Bezug auf den körpereigenen Kalziumhaushalt sinnvoll scheint.

Die Entscheidung, die vegane Ernährung als individuelle Kostform anzunehmen, ist eine sehr persönliche und neben der reinen Ernährungsphysiologie fließen dort sehr viele Faktoren ein. Diese sind unter anderem in dieser Arbeit unter den Motiven zu finden. Für die präventiven Potentiale einer Kostform in Bezug auf bestimmte Krankheitsbilder bietet sich durchaus auch der „normale" Vegetarismus an, der im Regelfall bezüglich der kritischen Nährstoffe wesentlich leichter zu handhaben ist.

Die *Academy of Nutrition and Dietics (A.N.D.)* aus den USA (ehemals ADA), welches die weltgrößte Ernährungsorganisation ist, äußert in ihrem aktuellsten Positionspapier vom April 2015 eine überwiegend positive Grundhaltung zur vegetarischen und veganen Ernährung. So wird dort nicht nur benannt, dass vegetarische und vegane Kostformen die mehrfach genannten präventiven Potentiale haben, aber auch dass die Zufuhr einzelner kritischer Nährstoffe zu beachten sei (hauptsächlich Kalzium und Vitamin B12). Es wird daneben aber verdeutlicht, dass in der westlichen Welt Nährstoffmangel nicht zu den Hauptgründen der Mortalität und/oder Morbidität gehöre und dass die fleischfreie Kostform im Gegenteil die Hauptgründe der Mortalität eindämme. Daneben wird der Aspekt des Umweltschutzes erwähnt, den diese Kostformen mit sich bringen. (Cullum et al. 2015) Dies deckt sich mit den Ergebnissen dieser Arbeit.

7 Literaturverzeichnis

Adebamowo, Clement A.; Spiegelman, Donna; Danby, F. William; Frazier, A. Lindsay; Willett, Walter C.; Holmes, Michelle D. (2005): High school dietary dairy intake and teenage acne. In: *J Am Acad Dermatol* 52 (2), S. 207–214. DOI: 10.1016/j.jaad.2004.08.007.

Appleby, P. N.; Thorogood, M.; Mann, J. I.; Key, T. J. (1999): The Oxford Vegetarian Study: an overview. In: *Am J Clin Nutr* 70 (3 Suppl), S. 525S-531S.

Appleby, Paul N.; Davey, Gwyneth K.; Key, Timothy J. (2002): Hypertension and blood pressure among meat eaters, fish eaters, vegetarians and vegans in EPIC-Oxford. In: *Public Health Nutr* 5 (5), S. 645–654. DOI: 10.1079/PHN2002332.

ASBL/VZW, GreenFacts: Auswirkungen von Bioziden auf Antibiotikaresistenzen. Online verfügbar unter http://ec.europa.eu/health/opinions/de/biozide-antibiotikaresistenz/biozide-antibiotikaresistenz-greenfacts.pdf, zuletzt geprüft am 06.05.2015.

Baltes, Werner; Matissek, Reinhard (2011): Lebensmittelchemie. 7., vollst. überarb. Aufl. Berlin: Springer (Springer-Lehrbuch).

BBC NEWS | Science/Nature | Hungry world 'must eat less meat'. Online verfügbar unter http://news.bbc.co.uk/2/hi/science/nature/3559542.stm, zuletzt geprüft am 01.06.2015.

Beck, Kathryn L.; Conlon, Cathryn A.; Kruger, Rozanne; Coad, Jane (2014): Dietary determinants of and possible solutions to iron deficiency for young women living in industrialized countries: a review. In: *Nutrients* 6 (9), S. 3747–3776. DOI: 10.3390/nu6093747.

Biesalski, Grimm (2007): Taschenatlas der Ernährung. 4., überarb. und erw. Aufl. Stuttgart: Thieme.

Bone, E.; Tamm, A.; Hill, M. (1976): The production of urinary phenols by gut bacteria and their possible role in the causation of large bowel cancer. In: *Am J Clin Nutr* 29 (12), S. 1448–1454.

Bonhommeau, Sylvain; Dubroca, Laurent; Le Pape, Olivier; Barde, Julien; Kaplan, David M.; Chassot, Emmanuel; Nieblas, Anne-Elise (2013): Eating up the world's food web and the human trophic level. In: *Proc. Natl. Acad. Sci. U.S.A.* 110 (51), S. 20617–20620. DOI: 10.1073/pnas.1305827110.

Butler, Terry L.; Fraser, Gary E.; Beeson, W. Lawrence; Knutsen, Synnøve F.; Herring, R. Patti; Chan, Jacqueline et al. (2008): Cohort profile: The Adventist Health Study-2 (AHS-2). In: *Int J Epidemiol* 37 (2), S. 260–265. DOI: 10.1093/ije/dym165.

BVL - Presse- und Hintergrundinformationen - Verbesserungen bei der Geflügelschlachthygiene erforderlich. Online verfügbar unter http://www.bvl.bund.de/DE/08_PresseInfothek/01_FuerJournalisten/01_Presse_und_Hintergr undinformationen/01_Lebensmittel/2015/2015_03_10_pi_Zoonosen.html?nn=1401276, zuletzt geprüft am 02.06.2015.

CALLENDER, S. T.; SPRAY, G. H. (1962): Latent pernicious anaemia. In: *Br. J. Haematol.* 8, S. 230–240.

Campbell, T. Colin; Campbell, Thomas M. (2006): The China study. The most comprehensive study of nutrition ever conducted and the startling implications for diet, weight loss and long-term health. 1. paperback ed. Dallas, Tex.: Benbella Books.

Chan, Jacqueline; Jaceldo-Siegl, Karen; Fraser, Gary E. (2009): Serum 25-hydroxyvitamin D status of vegetarians, partial vegetarians, and nonvegetarians: the Adventist Health Study-2. In: *Am. J. Clin. Nutr.* 89 (5), S. 1686S-1692S. DOI: 10.3945/ajcn.2009.26736X.

Chandra, R. K. (1981): Immune response in overnutrition. In: *Cancer Res* 41 (9 Pt 2), S. 3795–3796.

Compassion in World Farming Trust (CIWF) (2004): The global benefits of eating less meat. Online verfügbar unter https://www.ciwf.org.uk/media/3817742/global-benefits-of-eating-less-meat.pdf, zuletzt geprüft am 01.06.2015.

Craig, Winston J.; Mangels, Ann Reed (2009): Position of the American Dietetic Association: vegetarian diets. In: *J Am Diet Assoc* 109 (7), S. 1266–1282.

Craig, Winston John (2010): Nutrition concerns and health effects of vegetarian diets. In: *Nutr Clin Pract* 25 (6), S. 613–620. DOI: 10.1177/0884533610385707.

Cummings, J. H.; Hill, M. J.; Bone, E. S.; Branch, W. J.; Jenkins, D. J. (1979): The effect of meat protein and dietary fiber on colonic function and metabolism. II. Bacterial metabolites in feces and urine. In: *Am J Clin Nutr* 32 (10), S. 2094–2101.

Davey, Gwyneth K.; Spencer, Elizabeth A.; Appleby, Paul N.; Allen, Naomi E.; Knox, Katherine H.; Key, Timothy J. (2003): EPIC-Oxford: lifestyle characteristics and nutrient intakes in a cohort of 33 883 meat-eaters and 31 546 non meat-eaters in the UK. In: *Public Health Nutr* 6 (3), S. 259–269. DOI: 10.1079/PHN2002430.

Deutsche Gesellschaft für Ernährung (DGE) (2013): Referenzwerte für die Nährstoffzufuhr. 1. Aufl., 5. korr. Nachdr. Neustadt an der Weinstraße: Neuer Umschau-Buchverl.

Dietary Guidelines Advisory Committee (USDA) (2015): Scientific Report of the 2015 Dietary Guidelines Advisory Committee. Advisory Report to the Secretary of Health and Human Services and the Secretary of Agriculture. Online verfügbar unter http://www.health.gov/dietaryguidelines/2015-scientific-report/PDFs/Scientific-Report-of-the-2015-Dietary-Guidelines-Advisory-Committee.pdf, zuletzt geprüft am 12.05.2015.

EFSA; PRAS; team, M. R.L.: The 2013 European Union report on pesticide residues in food. Online verfügbar unter http://www.efsa.europa.eu/de/efsajournal/doc/4038.pdf, zuletzt geprüft am 07.05.2015.

Eidgenössische Ernährungskommission, Bundesamt für Gesundheit (2007): Gesundheitliche Vor- und Nachteile einer vegetarischen Ernährung. Expertenbericht der Eidgenössischen Ernährungskommission, zuletzt geprüft am 01.06.2015.

Elmadfa I, Leitzmann C. (2015): Ernährung des Menschen. 270 Tabellen. 5., vollst. überarb. und erw. Aufl. Stuttgart: Ulmer (UTB, 8036).

Erhebung des Vorkommens von Campylobacter spp. bei Masthähnchen in Deutschland (Campylobacter-Monitoring-Projekt). Online verfügbar unter http://www.bfr.bund.de/cm/343/erhebung_des_vorkommens_von_campylobacter_spp_bei_masthaehnchen_in_deutschland_campylobacter_monitoring_projekt.pdf, zuletzt geprüft am 06.05.2015.

Food and Agriculture Organization of the United Nations (FAO): The State of Food Insecurity in the World. Meeting the 2015 international hunger targets: taking stock of uneven progress.

Online verfügbar unter http://www.fao.org/3/a4ef2d16-70a7-460a-a9ac-2a65a533269a/i4646e.pdf, zuletzt geprüft am 01.06.2015.

Fox, Nick; Ward, Katie (2008): Health, ethics and environment: a qualitative study of vegetarian motivations. In: *Appetite* 50 (2-3), S. 422–429. DOI: 10.1016/j.appet.2007.09.007.

Gilsing, A. M. J.; Crowe, F. L.; Lloyd-Wright, Z.; Sanders, T. A. B.; Appleby, P. N.; Allen, N. E.; Key, T. J. (2010): Serum concentrations of vitamin B12 and folate in British male omnivores, vegetarians and vegans: results from a cross-sectional analysis of the EPIC-Oxford cohort study. In: *Eur J Clin Nutr* 64 (9), S. 933–939. DOI: 10.1038/ejcn.2010.142.

Grube, Angela (2009): Vegane Lebensstile. Diskutiert im Rahmen einer qualitativen/quantitativen Studie. Univ., Diplomarbeit, u.d.T.: Grube, Angela: Vagane Lebensstile als pädagogisches Problem--Bielefeld, 1999. 3., überarb. Aufl. Stuttgart: Ibidem-Verl. Online verfügbar unter http://deposit.ddb.de/cgi-bin/dokserv?id=2782977&prov=M&dok_var=1&dok_ext=htm.

Internationale Gesellschaft für Nutztierhaltung (IGN) (2007): Animal Suffering and Well-Being. International Symposium on the state of science. Online verfügbar unter http://www.usask.ca/wcvm/herdmed/applied-ethology/meetings_files/2007%20Animal%20Suffering%20and%20Well-being,%20Germany.pdf, zuletzt geprüft am 14.05.2015.

Kaneko, K.; Masaki, U.; Aikyo, M.; Yabuki, K.; Haga, A.; Matoba, C. et al. (1990): Urinary calcium and calcium balance in young women affected by high protein diet of soy protein isolate and adding sulfur-containing amino acids and/or potassium. In: *J. Nutr. Sci. Vitaminol.* 36 (2), S. 105–116.

Kesse-Guyot, Emmanuelle; Péneau, Sandrine; Méjean, Caroline; Szabo de Edelenyi, Fabien; Galan, Pilar; Hercberg, Serge; Lairon, Denis (2013): Profiles of organic food consumers in a large sample of French adults: results from the Nutrinet-Santé cohort study. In: *PLoS ONE* 8 (10), S. e76998. DOI: 10.1371/journal.pone.0076998.

Kitano, T.; Esashi, T.; Azami, S. (1988): Effect of protein intake on mineral (calcium, magnesium, and phosphorus) balance in Japanese males. In: *J Nutr Sci Vitaminol (Tokyo)* 34 (4), S. 387–398.

Leitzmann, Claus; Keller, Markus (2013): Vegetarische Ernährung. 3., aktualisierte Aufl. Stuttgart: UTB GmbH (utb-studi-e-book, 1868). Online verfügbar unter http://www.utb-studi-e-book.de/9783838538730.

Li, Duo (2011): Chemistry behind Vegetarianism. In: *J. Agric. Food Chem.* 59 (3), S. 777–784. DOI: 10.1021/jf103846u.

Mangels, A. R.; Messina, V. (2001): Considerations in planning vegan diets: infants. In: *J Am Diet Assoc* 101 (6), S. 670–677. DOI: 10.1016/S0002-8223(01)00169-9.

Marcus, Erik (2000): Vegan. The New Ethics of Eating. Chicago: McBooks Press. Online verfügbar unter http://gbv.eblib.com/patron/FullRecord.aspx?p=473793.

Massholder, Frank: Biovegane Ernährung: Definition, Warenkunde, Lebensmittelkunde. Online verfügbar unter http://www.lebensmittellexikon.de/b0003400.php, zuletzt geprüft am 27.04.2015.

Massholder, Frank: Fruganismus, Fruitarismus: Definition, Warenkunde, Lebensmittelkunde. Online verfügbar unter http://www.lebensmittellexikon.de/f0002250.php, zuletzt geprüft am 27.04.2015.

Massholder, Frank: Vegane Rohkost: Definition, Warenkunde, Lebensmittelkunde. Online verfügbar unter http://www.lebensmittellexikon.de/v0000990.php, zuletzt geprüft am 27.04.2015.

MAX-RUBNER INSTITUT (2008): Nationale Verzehrstudie II. Ergebnisbericht, Teil 2. Online verfügbar unter http://www.mri.bund.de/fileadmin/Institute/EV/NVSII_Abschlussbericht_Teil_2.pdf, zuletzt geprüft am 12.05.2015.

Messina, M.; Messina, V. (1991): Increasing use of soyfoods and their potential role in cancer prevention. In: *J Am Diet Assoc* 91 (7), S. 836–840.

Mozafar, A. (1994): Enrichment of some B-vitamins in plants with application of organic fertilizers. In: *Plant Soil* 167 (2), S. 305–311. DOI: 10.1007/BF00007957.

American Society for Nutrition (1999): Nondigestible Carbohydrates and Mineral Bioavailability. Unter Mitarbeit von J. L. Greger. Online verfügbar unter http://jn.nutrition.org/content/129/7/1434S.full#ref-12, zuletzt aktualisiert am 01.07.1999, zuletzt geprüft am 28.04.2015.

Pimentel, David; Pimentel, Marcia (2003): Sustainability of meat-based and plant-based diets and the environment. In: *Am. J. Clin. Nutr.* 78 (3 Suppl), S. 660S-663S.

Preuß, Axel (Hg.) (2001): Funktionelle Lebensmittel - Lebensmittel der Zukunft. Erwartungen, Wirkungen, Risiken. Lebensmittelchemische Gesellschaft; Statusseminar. 1. Aufl. Hamburg: Behr (Schriftenreihe Lebensmittelchemie, Lebensmittelqualität, 25).

Regierungsgremium empfiehlt vegane Alternativen. Online verfügbar unter https://vebu.de/vebu-projekte/veggie-politik/2454-regierungsgremium-empfiehlt-vegane-alternativen, zuletzt geprüft am 29.04.2015.

Rehner G, Daniel H. (2002): Biochemie der Ernährung. 2., überarb. und erw. Aufl. Heidelberg: Spektrum Akad. Verl. (Spektrum-Lehrbuch).

Resnicow, K.; Barone, J.; Engle, A.; Miller, S.; Haley, N. J.; Fleming, D.; Wynder, E. (1991): Diet and serum lipids in vegan vegetarians: a model for risk reduction. In: *J Am Diet Assoc* 91 (4), S. 447–453.

Sanders, Kerrie M.; Nicholson, Geoffrey C.; Ebeling, Peter R. (2013): Is high dose vitamin D harmful? In: *Calcif. Tissue Int.* 92 (2), S. 191–206. DOI: 10.1007/s00223-012-9679-1.

Saunders, Angela V.; Craig, Winston J.; Baines, Surinder K.; Posen, Jennifer S. (2013): Iron and vegetarian diets. In: *Med. J. Aust.* 199 (4 Suppl), S. S11-6.

Sherman, A. R. (1992): Zinc, copper, and iron nutriture and immunity. In: *J Nutr* 122 (3 Suppl), S. 604–609.

Siener, Roswitha; Hesse, Albrecht (2003): The effect of a vegetarian and different omnivorous diets on urinary risk factors for uric acid stone formation. In: *Eur J Nutr* 42 (6), S. 332–337. DOI: 10.1007/s00394-003-0428-0.

Singer, Peter (2002): Animal liberation. 1st Ecco paperback ed. New York: Ecco. Online verfügbar unter http://www.loc.gov/catdir/description/hc042/2001040903.html.

Singh, Pramil N.; Sabate, Joan; Fraser, Gary E. (2003): Does low meat consumption increase life expectancy in humans? In: *Am J Clin Nutr* 78 (3 Suppl), S. 526S-532S.

Stepaniak, Joanne; Messina, Virginia (2000): The vegan sourcebook. 2nd ed. Los Angeles: Lowell House.

Sukemori, S.; Ikeda, S.; Kurihara, Y.; Ito, S. (2003): Amino acid, mineral and vitamin levels in hydrous faeces obtained from coprophagy-prevented rats. In: *J Anim Physiol Anim Nutr (Berl)* 87 (5-6), S. 213–220.

Tantamango-Bartley, Yessenia; Jaceldo-Siegl, Karen; Fan, Jing; Fraser, Gary (2013): Vegetarian diets and the incidence of cancer in a low-risk population. In: *Cancer Epidemiol. Biomarkers Prev.* 22 (2), S. 286–294. DOI: 10.1158/1055-9965.EPI-12-1060.

Theil, Elizabeth C.; Chen, Huijun; Miranda, Constanza; Janser, Heinz; Elsenhans, Bernd; Núñez, Marco T. et al. (2012): Absorption of iron from ferritin is independent of heme iron and ferrous salts in women and rat intestinal segments. In: *J. Nutr.* 142 (3), S. 478–483. DOI: 10.3945/jn.111.145854.

Trapp, Caroline B.; Barnard, Neal D. (2010): Usefulness of vegetarian and vegan diets for treating type 2 diabetes. In: *Curr. Diab. Rep.* 10 (2), S. 152–158. DOI: 10.1007/s11892-010-0093-7.

UNICEF, UNU, WHO (2001): Iron Deficiency Anaemia: Assessment, Prevention, and Control. A guide for programme managers. Online verfügbar unter http://apps.who.int/iris/bitstream/10665/66914/1/WHO_NHD_01.3.pdf?ua=1, zuletzt geprüft am 12.05.2015.

van Staveren, W. A.; Dagnelie, P. C. (1988): Food consumption, growth, and development of Dutch children fed on alternative diets. In: *Am J Clin Nutr* 48 (3 Suppl), S. 819–821.

VÁZQUEZ-MORENO, L.; BERMÚDEZ A., M. C.; LANGURÉ, A.; HIGUERA-CIAPARA, I.; AGUAYO, M. DÍAZ; FLORES, E. (1990): Antibiotic Residues and Drug Resistant Bacteria in Beef, and Chicken Tissues. In: *J Food Science* 55 (3), S. 632–634. DOI: 10.1111/j.1365-2621.1990.tb05194.x.

Veganismus (2015). Online verfügbar unter http://www.duden.de/rechtschreibung/Veganismus, zuletzt aktualisiert am 27.04.2015, zuletzt geprüft am 27.04.2015.

Vegetarismus. Grundlagen, Vorteile, Risiken ; [mit 10 Tab.] (2012). Orig.-Ausg., 4. Aufl. München: Beck (Beck'sche Reihe, 2176 : C. H. Beck Wissen).

Veith, Walter (Hg.) (1996): Ernährung neu entdecken. Der Einfluss der Ernährung auf unsere Gesundheit ; wissenschaftliche Erkenntnisse. 2. Aufl. Stuttgart: WVG Wiss. Verl.-Ges.

Vormann, Jürgen; Goedecke, Thomas (2006): Säure-Basen-Haushalt. Latente Azidose als Ursache chronischer Erkrankungen. In: *Schweiz Z Ganzheitsmed* 18 (5), S. 255–266. DOI: 10.1159/000282055.

Waldmann, A.; Koschizke, J. W.; Leitzmann, C.; Hahn, A. (2003): Dietary intakes and lifestyle factors of a vegan population in Germany: results from the German Vegan Study. In: *Eur J Clin Nutr* 57 (8), S. 947–955. DOI: 10.1038/sj.ejcn.1601629.

Waldmann, A.; Koschizke, J. W.; Leitzmann, C.; Hahn, A. (2005): German vegan study: diet, lifestyle factors, and cardiovascular risk profile. In: *Ann Nutr Metab* 49 (6), S. 366–372. DOI: 10.1159/000088888.

Watanabe, Fumio (2007): Vitamin B12 sources and bioavailability. In: *Exp. Biol. Med. (Maywood)* 232 (10), S. 1266–1274. DOI: 10.3181/0703-MR-67.

Watanabe, Fumio; Takenaka, Shigeo; Kittaka-Katsura, Hiromi; Ebara, Shuhei; Miyamoto, Emi (2002): Characterization and bioavailability of vitamin B12-compounds from edible algae. In: *J. Nutr. Sci. Vitaminol.* 48 (5), S. 325–331.

Weltgesundheitsorganisation (2004): Vitamin and mineral requirements in human nutrition. 2. ed. Geneva.

Young, V. R. (1991): Soy protein in relation to human protein and amino acid nutrition. In: *J Am Diet Assoc* 91 (7), S. 828–835.